한국의 양서파충류

한국의 양서파충류

인쇄 2010년 8월 20일
발행 2010년 8월 30일
저자 김종범 · 송재영
발행인 박선진
발행처 도서출판 월드사이언스
표지·편집 디자인 박지혜

등록번호 제16-1601호
등록일자 1988년 2월 12일

주소 서울특별시 서초구 방배동 864-31 월드빌딩 1층
전화 02) 581-5811~3
FAX 02) 521-6418
E-mail worldscience@hanmail.net
URL http://www.worldscience.co.kr

정가 21,000원
ISBN 978-89-5881-159-6

이 도서의 국립중앙도서관 출판시 도서목록 (CIP)은
e-CIP 홈페이지 (http://www.nl.go.kr/cip.php)에서 이용하실 수 있습니다.
(CIP 제어번호: CIP2010003115)

한국의 양서파충류

월드사이언스
WORLD SCIENCE
worldscience.co.kr

머리말

"생물종, 알아야 보전하고 알려야 보전된다."

지금까지 양서파충류에대한 소개 책자가 몇종이 나오긴 했지만 양서파충류학에 입문하려는 학생들을 위한 책자는 매우 드물다. 솔직히 이야기하면, 최근에 나온책으로 양서파충류가 모두 포함되며 양서파충류의 기원, 종목록, 생태, 보전 등을 한꺼번에 다룬 책자는 전혀 없다. 1975년에 문교부에서 나온 양서파충류 도감과 2001년에 아카데미서적에서나온 '한국의 양서류' 가 그나마 학술적인 내용들을 포함하고 있다. 특히 '한국의 양서류' 책자는 비록 양서류만을 대상으로 하였지만 비교적 최근의 논문들을 중심으로 많은 학술적인 내용들을 포함하여 양서류학 입문서 역할을 톡톡히 해왔다. 하지만 이 책 또한 일반인이 읽기에는 너무 전문적인 내용들이 포함되어 있어 좀더 알기쉽게 정리된 책자가 나왔으면 하는 바램이 있던 중 국립생물자원관 용역으로 전국자연환경조사 전문인력양성을 위한 교육을 할 기회가 있었는데 이때 양서파충류학을 처음으로 접하는 입문자들을 만나게 되었고 그들이 원하는 책자가 어떤것인지 조금 알게되었다. 처음에 마땅히 가르칠 때 쓸 교과서가 없어 당황하였고 조급한 마음에 본 입문서를 서둘러 만들게되었다.

양서류는 상기한 '한국의 양서류' 책자의 일부 내용들을 학생들을 가르칠 때 느꼈던 점들을 고려하여 가능한한 쉽게 풀이하고 최근의 정보를 추가하여 본인이 작성하였고 파충류는 최근에 양서파충류연구가 많았던 국립공원연구원의 송재영 박사님이 담당하여 작성되었다.

끝으로, 내용작성시 편집에 도움을준 (주)에코캠프의 장석원 팀장에게 감사드린다. 아울러 본 책자가 대단한 학술적 정보나 대중을 위한 흥미적 요소를 고루 갖추지 못했음에도 불구하고 본 책자의 발간을 권유하고 각별한 성의와 열의로 제작에 수고해 주신 월드사이언스의 사장님과 직원여러분께 깊은 감사의 뜻을 표한다.

2010년 8월

김 종 범

목차

[양서류] 도롱뇽류의 형태형질

한국 동식물도감 제 17권 동물편 (양서파충류 1975년, 발췌)

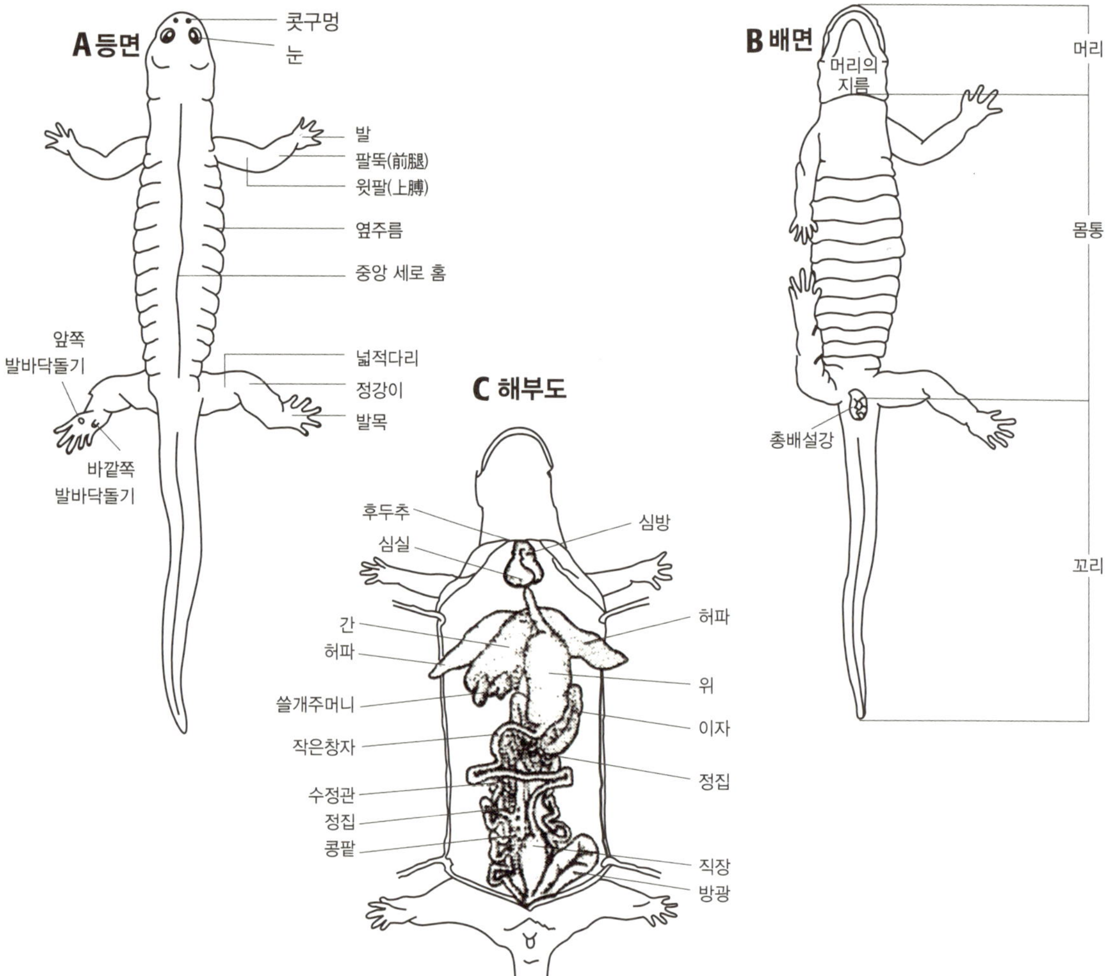

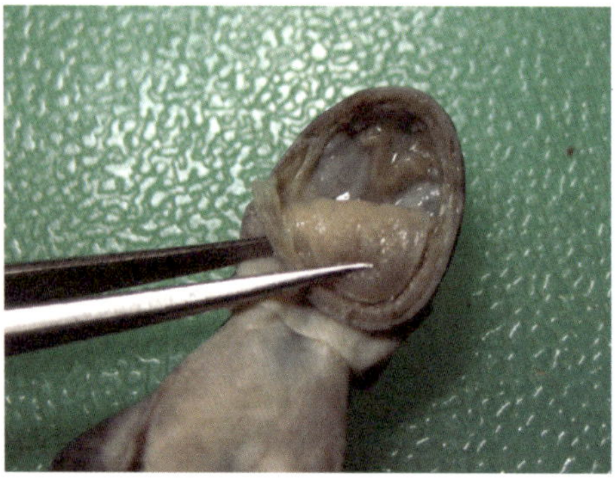

입천장의 서개구치

꼬리치레도롱뇽 주둥이

이끼도롱뇽 주둥이

[양서류] 개구리류의 형태형질

A 등면

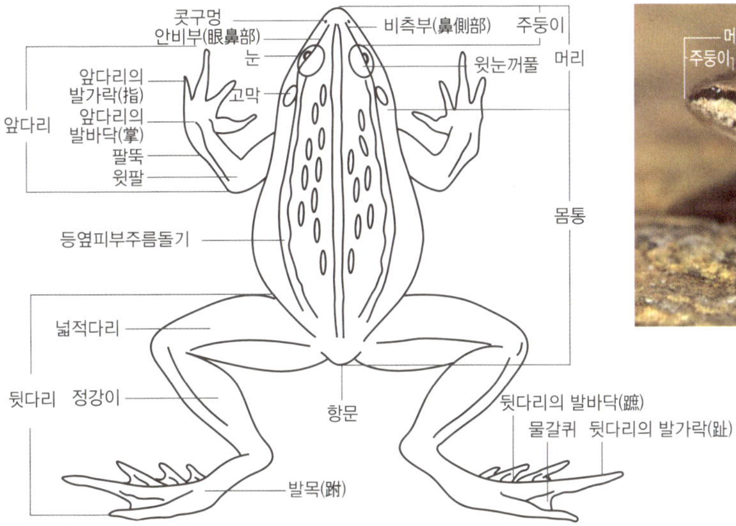

B 골격

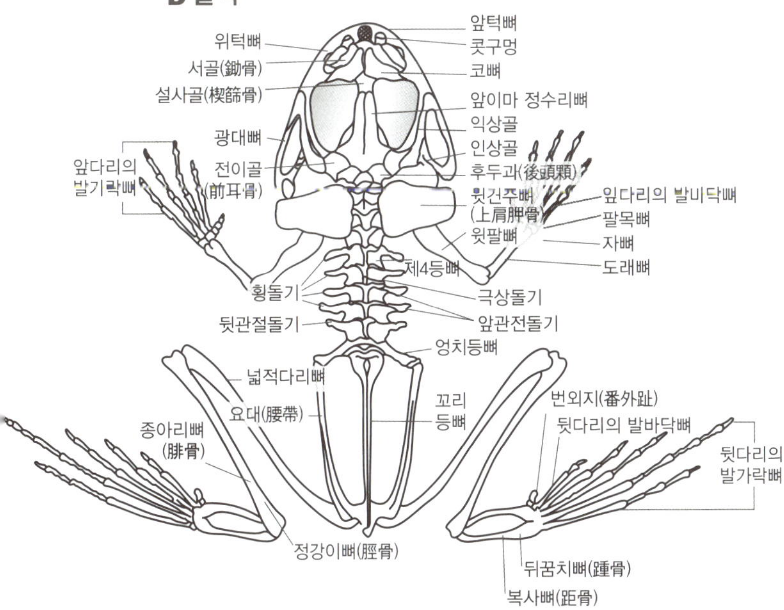

C 가슴뼈

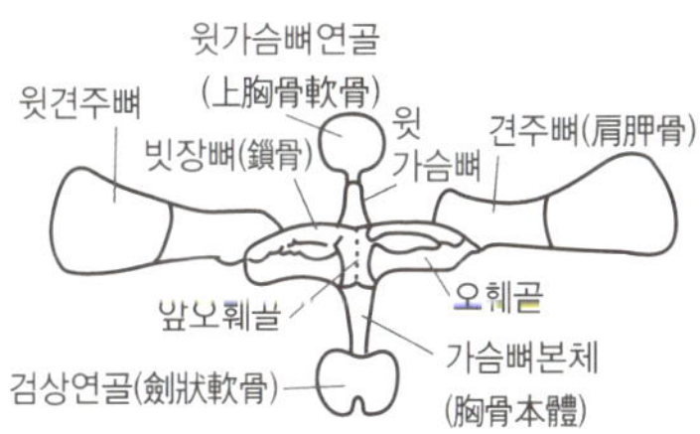

골격형질그림

Plate 1. 도롱뇽 *Hynobius leechii*

01 성체 수컷 **02** 유생
03 알집 1 **04** 알집 2
05 산란처 1(북한산) **06** 산란처 2

01	02
03	04
05	06

Plate 2. 제주도롱뇽 *Hynobius quelpaertensis*

01 성체 등면 **02** 성체 배면
03 성체 암컷 **04** 알집
05 산란처 1(제주도) **06** 산란처 2(제주도)

01	02
03	04
05	06

Plate 3. 고리도롱뇽 *Hynobius yangi*

01 성체 수컷　02 성체 암컷
03 유생 사진 : 장환진　04 알집
05 산란장의 알집들　06 산란장(고리)

01	02
03	04
05	06

Plate 4. 꼬리치레도롱뇽 *Onychodactylus fischeri*

01 성체 1　02 성체 2

03 유생의 발톱 사진 : 장환진　04 유생들

05 알집 사진 : 박대식 교수　06 서식처

01	02
03	04
05	06

Plate 5. 이끼도롱뇽 *Karsenia koreana*

01 생체 02 표본 등면
03 서식처(내장산) 04 표본 배면

01	02
03	04

Plate 6. 무당개구리 *Bombina orientalis*

01 등면 1　02 등면 2
03 배면　04 유생
05 알집　06 산란처

01	02
03	04
05	06

Plate 7. 두꺼비 *Bufo gagarizans*

01 성체 **02** 포접
03 유생 **04** 유생
05 알집 **06** 산란처

01	02
03	04
05	06

Plate 8. 물두꺼비 *Bufo stejnegeri*

01 성체 02 성체와 알집
03 변태중 04 알집 사진: 장환진
05 산란처

01	02
03	04
05	

Plate 9. 청개구리 *Hyla japonica*

01 성체 **02** 성체의 색깔 변이
03 울음주머니 사진 : 장환진 **04** 유생
05 알집 사진 : 장환진 **06** 산란처

01	02
03	04
05	06

Plate 10. 수원청개구리 *Hyla suweonensis*

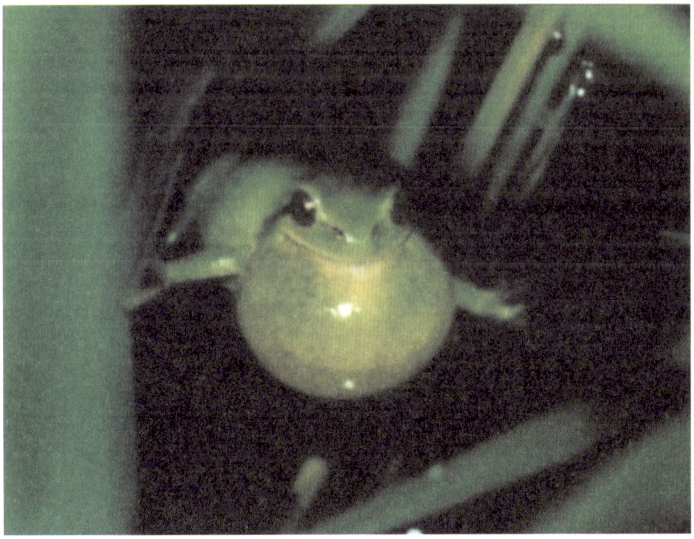

01 성체 사진 : 장환진

02 울음주머니 사진 : 박병상 박사

Plate 11. 맹꽁이 *Kaloula borealis*

01 성체 02 성체
03 울음주머니 04 유생 사진 : 강성욱
05 알집 06 산란처

01	02
03	04
05	06

Plate 12. 한국산개구리 *Rana coreana*

01 성체 02 성체
03 산란기의 암컷 배면 04 알집
05 알집과 유생들 06 산란처

01	02
03	04
05	06

Plate 13. 북방산개구리 *Rana dybowskii*

01 성체 **02** 성체
03 좌: 수컷, 우: 암컷 **04** 유생들
05 알집 **06** 산란장

01	02
03	04
05	06

Plate 14. 계곡산개구리 *Rana huanrenensis*

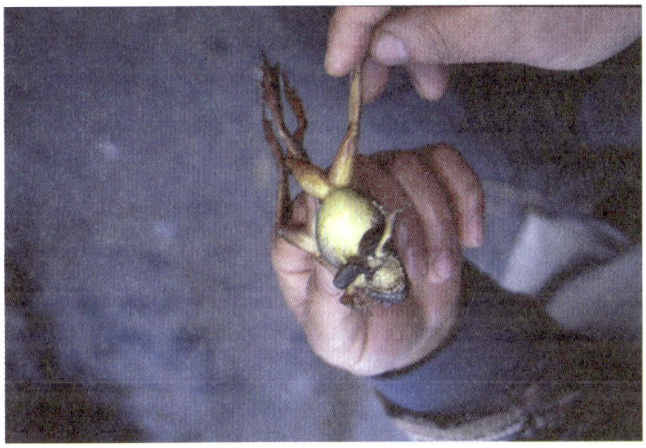

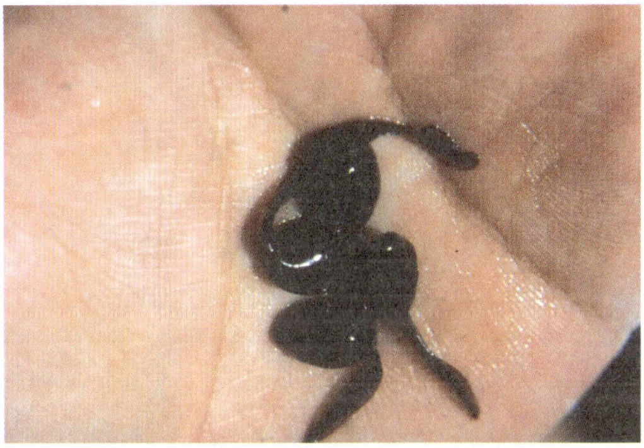

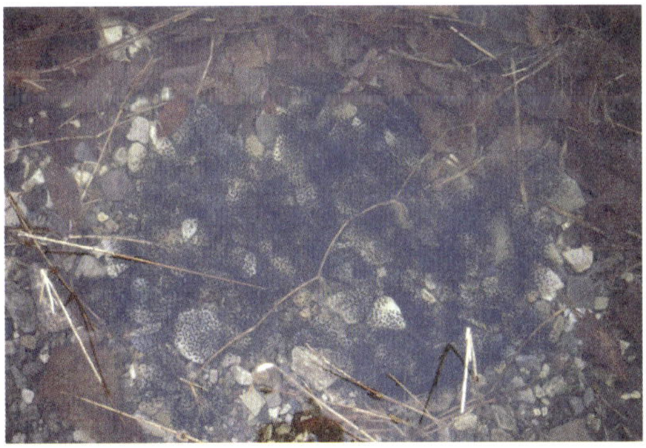

01 성체 02 배면
03 배면(포접) 04 유생들
05 알집들 06 점성이 강한 알집

01	02
03	04
05	06

Plate 15. 참개구리 *Rana nigromaculata*

01 성체 암컷 02 성체 수컷
03 유생들 04 유생 사진 : 장환진
05 울음주머니 사진 : 장환진 06 알집

01	02
03	04
05	06

Plate 16. 금개구리 *Rana plancyi chosenica*

01	02
03	04

01 성체 02 성체와 유생

03 유생 사진 : 장환진 04 산란처

Plate 17. 옴개구리 *Rana rugosa*

01	02
03	04

01 성체 02 유생 사진 : 장환진
03 알집 04 산란처

Plate 18. 황소개구리(외래종) *Rana catesbeiana*

01 성체 02 사체
03 유생 04 유생
05 서식,산란처(저수지) 06 성체배면

01	02
03	04
05	06

Plate 19. 자라 *Pelodiscus sinensis*

Plate 20. 남생이 *Chinemys reevesii*

Plate 21. 붉은귀거북 *Trachemys scripta elegans*

Plate 22. 도마뱀부치 *Gekko japonicus*

Plate 23. 도마뱀 *Scincella vandenburghi*

Plate 24. 북도마뱀 *Scincella huanrenensis*

Plate 25. 아무르장지뱀 *Takydromus amurensis*

Plate 26. 줄장지뱀 *Takydromus wolteri*

사진 : 제주대학교 장민호 연구원

Plate 27. 표범장지뱀 *Eremias argus*

Plate 28. 무자치 *Elaphe rufodorsata*

Plate 29. 누룩뱀 *Elaphe dione*

Plate 30. 구렁이 *Elaphe schrenckii*

Plate 31. 유혈목이 *Rhabdophis tigrinus*

Plate 32. 대륙유혈목이 *Amphiesma vibakari ruthveni*

Plate 33. 비바리뱀 *Sibynophis chinensis*

사진 : 제주대학교 김병수 연구원

Plate 34. 능구렁이 *Dinodon rufozonatus*

Plate 35. 실뱀 *Coluber spinalis*

Plate 36. 쇠살모사 *Gloydius ussuriensis*

Plate 37. 살모사 *Gloydius brevicaudus*

사진 : 제주대학교 장민호 연구원

Plate 38. 까치살모사 *Gloydius saxatilis*

Plate 39. 먹대가리바다뱀 *Hydrophis melanocephalus*

사진 : 일본효고대학교 Hidetoshi Ota교수

Plate 40. 얼룩바다뱀 *Hydrophis cyanocinctus*

사진 : 일본효고대학교 Hidetoshi Ota교수

Plate 41. 바다뱀 *Pelamis platrus*

사진 : 일본효고대학교 Hidetoshi Ota교수

1부 한국의 양서류

1장

양서류의 기원 및 분류

양서류는 대략 4억년전에 지구에 처음 출현했다. 양서류(class Amphibia)에는 3개의 분류군(subclass)이 존재한다. 가장 오래된 양서류인 **미치류**와 카본기 후세에 우세했던 **공추류**와 현대의 양서류가 포함되는 **진양서류**이다.

1.1 미치류

가장 오랜 양서류로 알려진 미치류는 오늘날의 양서류에는 볼 수 없는 많은 어류와 닮은 특성을 가졌는데, 이들의 두골은 어류의 일종인 총기류의 두골과 매우 닮았다. 미치류는 총기어류로부터 기원되었다고 생각되며 그 후 공추류, 진양서류로 진화된 것으로 사료된다.

1.2 공추류

작은 도롱뇽 형태의 공추류는 두개골 형태로 보아 미치류로부터 진화했다는데 의심의 여지가 없다. 공추류는 미치류에서 현대사지 동물에 이르는 진화선의 초기 가지이고 이들의 후손은 없다는 설이 지배적이다.

1.3 진양서류

현존하는 진양서류 아강에는 3개의 목(order)이 있는데 이들은 현대의 꼬리를 가진 양서류인 **유미류**(Urodela)와 개구리와 두꺼비가 속하는 **무미류**(Anura)와 다리가 없고 굴을 파는 종인 **무족류**(Apoda) 등이다.

1) 유미류

유미류(영원과 도롱뇽류)는 무미류(개구리와 두꺼비류)에 비해 머리가 작고, 길고 유연한 몸, 긴 꼬리를 가지고 있다. 물속에 사는 종은 납작하고 두툼한 꼬리가 있어서 꼬리를 좌우로 흔들면서 헤엄을 친다. 대개 앞다리에는 4개의 발가락이 있고 뒷다리에는 5개의 발가락이있다. 유미류는 Proteidae(동굴영원과), Amphiumidae(앰피우마과), Hynobiidae(도롱뇽과), Cryptobranchidae(장수도롱뇽과), Salamandridae(영원과), Ambystomatidae(암비스토마과), Plethodontidae(미주도롱뇽과), Sirenidae(사이렌과) 등 15개의 과(family)로 구성되어있으며, 그 안에는 약 450여종의 영원류와 도롱뇽류가 포함되어있다. 전체 종 가운데 약 절반 이상은 미주도롱뇽과에 속하는 허파가 없는 도롱뇽이다. 유미류는 긴 꼬리와 길고 날씬한 몸이 특징이다. 이들은 다리가 몸통에 비해 짧으며, 4개의 다리는 길이가 전체적으로 비슷하다. 이들은 대개 밤에 활동을 한다. 낮시간 동안에는 통나무나 바위아래 등지에서 숨어 지낸다. 이들은 주로 물속에 알을 낳는다. 우리나라(남한)의 유미류에는 도롱뇽과의 **도롱뇽(*Hynobius leechii*), 제주도롱뇽(*Hynobius quelpaertensis*), 고리도롱뇽(*Hynobius yangi*), 꼬리치레도롱뇽(*Onychodactylus fischeri*)** 4종과 미주도롱뇽과의 1종 **이끼도롱뇽(*Karsenia koreana*)**이 있다.

2) 무미류

무미류(개구리와 두꺼비류)는 꼬리가 없는 양서류로 몸에 비해 머리가 크며, 옆으로 넓게 찢어진 입이 있다. 일반적으로 앞다리는 짧은 반면, 뒷다리는 매우 크고 근육이 잘 발달해있다. 눈은 크고 튀어 나왔다. 개구리의 피부는 매끈하고 대개 윤기가 나는 반면에 두꺼비는 피부가 울퉁불퉁하며 색이 선명치 못하다. 무미류는 대부분 폐와 피부로 호흡을한다. 양서류중 가장 큰 그룹에 속하는 무미류에는 20여개의 과(family)에 약 4,100여종의 개구리류와 두꺼비류가 포함되어 있다. 대부분은 열대지방에 서식하며 대개 민물속이나 민물과 가까운 곳에서 산다. 무미류는 성체가 되었을 때 꼬리가 없어지는 것이 특징이다. 우리나라의 무미류에는 무당개구리과(Discoglossidae)의 **무당개구리(*Bombina orientalis*)**, 두꺼비과(Bufonidae)의 **두꺼비(*Bufo gargarizans*), 물두꺼비(*Bufo stejnegeri*)**, 청개구리과(Hylidae)의 **청개구리(*Hyla japonica*), 수원청개구리(*Hyla suweonensis*)**, 맹꽁이과(Mycrohylidae)의 **맹꽁이(*Kaloula borealis*)**, 개구리과(Ranidae)의 **참개구리(*Rana nigromaculata*), 금개구리(*Rana plancyi chosenica*), 한국산개구리(*Rana coreana*), 북방산개구리(*Rana** *dybowskii*), **계곡산개구리**(*Rana huanrenensis*), **옴개구리**(*Rana rugosa*), **황소개구리**(*Rana catesbeiana*, **외래종**) 등 13종이 전부이다.

3) 무족류

무족류는 사지가 없는 양서류로 소수의 수서종을 제외하고는 육상의 굴속에 서식한다. 몸통은 가늘고 길며 몸통둘레에는 수많은 홈이 있고 다리가 없기 때문에 언뜻 보면 지렁이처럼 생겼다. 끝이 뾰족한 머리는 삽처럼 생겼고 꼬리는 매우 짧다. 먹이는 주로 냄새로 찾는다. 무족류에는 5종류의 과(촉수무족영원과, 무족영원과, 물무족영원과 등)가 있으며 약 165종이 포함된다. 모든 무족류는 체내수정을 하며, 수컷은 자신의 총배설강 부위를 돌출시켜 암컷의 체내로 정자를 집어넣는다(O'Shea and Halliday, 2001). 대부분의 무족류는 열대지방에 서식하며 우리나라에는 서식하지 않는다.

2장

양서류의 특성 한국산 무미류를 중심으로

양서류는 4억년전부터 지구에 살아온 동물로서 물과 땅을 오가며 살기 때문에 양서류 또는 물뭍동물이라고 한다. 일반적으로 알-유생(올챙이)-성체의 단계를 거친다. 물속에서 알로 태어나며 유생 시기에는 어류처럼 아가미로 호흡하며 지느러미를 이용해 헤엄친다. 성체가 되면 아가미와 지느러미가 사라지고 다리가 생기며 허파가 발달해서 땅위에서도 호흡할 수 있게 된다. 또한 물속에 녹아있는 산소를 이용해서 피부호흡을 한다. 특히 개구리류는 발가락 사이에 물갈퀴가 있어 물속 생활에도 잘 적응하며 땅위에서는 먹이활동을 주로 하고 알은 어류처럼 물속에 알을 낳는다. 양서류는 물과 땅 양쪽에서 살기 좋은 구조를 지니고 있다. 몸은 물속에서 헤엄치기 좋게 생겼고 뒷발에는 물갈퀴가 달려있다. 또 물 밖에 있는 동안에 개구리류는 천적으로부터 몸을 숨기기 좋도록 몸색깔을 바꿀 수 있다. 위험시에는 강한 뒷다리로 높이 뛰어 재빨리 몸을 피한다. 개구리류는 울음소리를 통해 의사 표현을 하고, 또 배우자인지 경쟁자인지를 구분한다. 눈은 움직이는 먹이를 알아챌 수 있도록 발달되어 있고 특히 혀는 독특한 구조로 되어 있어 움직이는 먹이를 쉽게 잡을 수 있다. 개구리류는 촉촉한 피부를 통해 산소나 물을 온몸에 전달하는 독특한 피부조직을 가지고 있어 몸의 온도를 적절히 조절할 수 있다. 양서류가 변온동물임에도 불구하고 전세계의 춥고 더운 곳이나 고도가 높고 낮은 곳에 모두 적응하여 사는 이유가 바로 여기에 있다.

개구리류가 물속에 알을 낳으면 그 알은 10일쯤 후에 올챙이로 변한다. 알속에는 난황(달걀의 노른자 같은 부분)이 있어서 알이 유생으로 자라는데 영양분이 된다. 이 알들은 우무질의 투명한 알덩이 속에 싸여 있어서 충격으로부터 보호받고 수분과 산소를 공급받는다. 갓태어난 유생은 턱에 있는 빨판으로 수초를 꽉 잡고 있다가 눈이 생기면 아가미로 호흡하며 물속을 헤엄친다. 유생의 입은 머리 끝부분에 있는데 톱날같은 이빨들이 나있어 주로 수초나 이끼 등을 이빨로 갉아먹고 살지만 죽은 어류의 살을 뜯어 먹기도 한다. 유생의 꼬리지느러미는 어류의 지느러미와 달리 뼈나 연골 조직이 없고 두 겹의 피부조직으로 구성되어있으며 단순하고 부드러워 다른 동물에게 꼬리지느러미를 잡혔을 경우 쉽게 잘려져 도망 갈 수 있다.

개구리류는 뒷다리의 발가락 사이에 있는 물갈퀴를 이용해 헤엄을 잘 친다. 개구리류는 헤엄칠 때 특이하게도 뒷다리를 번갈아 움직이지 않고 양쪽다리를 한꺼번에 움직인다. 양서류는 물에 잠길때에는 아랫눈꺼풀 뒤쪽에 있는 투명한 막을 위로 올려서 눈을 덮어 눈을 뜨고도 물속을 잘 볼 수 있다. 양서류 몸의 약 70-80%는 물이지만 어느 정도 까지는 물이 없어져도 견딜 수 있다. 양서류 피부는 물속과 같은 습한 환경에서는 습기를 받아 들이고, 건조한 곳에서는 물이 일부 증발 되도록 조절한다. 물속에서 필요 이상으로 물을 많이 받아들였을 경우 재빨리 소변으로 내보내는 능력도 갖추고 있다. 몸속의 수분은 피부 안쪽의 피부샘에 모았다가 내보내기 때문에 개구리 몸은 물 밖에서도 촉촉하다. 그러나 수분을 너무 많이 내보내면 죽을 수도 있기 때문에 더운 여름이나 낮에는 그늘이나 땅속 또는 굴을 찾아 들어가서 햇빛을 피하는데 청개구리의 경우는 나무 위 그늘을 이용하기도 한다.

개구리류는 머리 크기에 비해 매우 커다란 눈을 가지고 있다. 눈은 먹이를 찾고 겨냥하는 중요한 감각기관이다. 개구리류는 독특한 눈의 구조 때문에 다른 색깔보다 검은 빛에 민감하게 반응하며 밤에 활동하는 종류보다는 낮에 활동하는 종류들이 색깔을 잘 구별한다. 눈의 구조가 잘 발달된 종은 거의 사람만큼 색깔을 잘 구별할 수 있어서 검은색과 회색을 혼돈하는 일이 없다. 개구리류 눈의 가장 독특한 특징은 볼 수 있는 범위가 모든 동물 중에서 가장 넓다는 것이다. 개구리류의 눈은 머리 위 뒤쪽에 있으며 두 눈이 머리 양쪽 끝에 있어서 주변 360도를 거의 다 볼 수 있다. 그래서 위에서 공격해오는 천적으로부터 자신을 방어하거나 먹이를 구할 때 매우 유리하다. 양서류는 가까이 있는 물체 보다는 어느 정도 떨어져 있는 물체를 더 잘 볼 수 있다. 또 크고 움직이지 않는 물체보다는 먹잇감인 곤충처럼 작고 움직이는 검은색 물체를 가장 잘 알아차린다. 개구리류는 활동 영역이 넓기 때문에 주변 환경으로부터 눈을 보호하기위해 눈꺼풀이 있다. 눈을 뜨고 감을 때에는 위 눈꺼풀을 이용하며 아래 눈꺼풀은 눈과는 별도로 움직일 수 있다. 아래 눈꺼풀 뒤쪽에는 얇은 막이 있어 물속에서는 눈을 보호해주고 물 밖에서는 습도를 유지시키는 역할을 한다. 개구리류들은 눈 뒤에 특수한 얇은 조직을 가지고 있는데 이것이 빛을 반사하기 때문에 밤에 물체를 쉽게 볼 수 있다.

개구리류 수컷은 짝짓기 시기에 구애음성을 낸다. 개구리류는 소리를 잘 들을 수 있기 때문에 암컷은 마음에 드는 소리를 내는 수컷을 찾아가 짝짓기를 한다. 개구리류는 눈 뒤편에 있는 양쪽고막을 통해 소리를 듣는다. 고막은 주로 납작하고 동그랗게 생겼으며 눈과 크기가 비슷하다. 고막이 없는 물두꺼비는 피부안쪽에 속귀를 가지고 있다. 속귀는 멀리서 동물이 다가오는 것을 땅울림으로 감지할 수 있을 정도로 예민하다.

양서류의 가장 중요한 사냥도구는 혀이다. 끈적끈적하면서도 신축성이 뛰어난 혀가 아래턱 입안쪽에 붙어있다. 혀의 크기나 길이는 종에 따라 차이가 있지만 대부분 혓바닥을 자신의 몸길이에 가깝게 늘일 수 있다. 혀를 사용하지 않을 때는 혀끝이 입의 뒤쪽을 향해 놓여 있다가 먹이를 발견하면 혀끝이 입 뒤쪽으로부터 180도 회전하여 입 밖으로 나가 끈적끈적한 혀에 먹이가 붙게 되는 것이다. 먹이를 향해 늘어났던 혀가 다시 제자리로 돌아오면 쉽게 먹이를 입안에 넣는다. 그런 다음 눈을 지그시 감으면서 눈알을 입 쪽으로 슬며시 민다. 그러면 눈알과 혀 사이에 낀 먹이는 으스러지고, 쉽게 목구멍으로 넘어간다. 이것이 바로 개구리류가 먹이를 먹을 때 눈을 깜박이는 이유이다.

개구리류의 다리뼈는 뛰어오르기 쉽게 발달해있다. 뒷다리가 유난히 길어 지렛대 역할을 한다. 특히 뒷다리의 발목뼈가 잘 발달해 있다. 게다가 앞 뒷다리 발바닥의 골격이 넓어서 뛰어오를 때 땅을 박차는 힘이 매우 강하고 반대로 땅에 내려 올때는 충격을 잘 흡수할 수 있다. 한편 잘 발달된 발가락을 이용해 땅은 물론, 물속이나 높은 나무 위 등 다양한 곳에 적응하며 산다. 옴개구리나 계곡산개구리는 대부분을 물속에서 보내기 때문에 뒷다리 발가락 사이의 물갈퀴가 유난히 발달해있다. 더위를 피하기 위해 그늘진 나무 위나 처마밑 담벽을 기어오르는 청개구리는 발가락 끝이 도톰하고 넓적해서 경사면을 잘 기어오를 수 있다.

개구리류 수컷은 번식기가 되면 종마다 특유의 울음주머니를 이용해 종 특유의 울음소리를 낸다. 그 울음소리를 듣고 암컷이 찾아와 같은 종끼리 짝짓기를 하게 된다. 암컷이 다가오면 크기가 작은 수컷은 울음을 그치고 암컷의 등에 올라탄다. 그런 다음 두껍고 잘 발달된 앞발로 암컷을 감싸 안아 암컷이 알을 낳을 수 있도록 돕는다. 알이 나오면 알 위에 정자를 뿌리는 체외수정을 한다. 도롱뇽류는 구애음성 대신에 구애행동을 한다. 짝짓기는 한 마리의 암컷에 여러 마리의 수컷이 참여하는 시스템이다. 즉 알집(여러 개의 알로 구성) 하나에 여러 마리 수컷의 정자가 참여하는 시스템이다. 우리나라 양서류들은 모두 물속에 알을 낳는다(예외: 이끼도롱뇽은 난태생). 알은 하나가 아니라 여러 개의 알이 붙어있는 알덩이(알집) 형태로 낳는다. 종에 따라 알집의 모양이나 크기가 서로 다르며 알집속의 알의 개수나 크기도 다르다. 외래종인 황소개구리의 알 하나하나는 토종 개구리류의 알에 비해 크기가 작은 편이다. 그러나 알집의 크기는 훨씬 커서 하나의 알집에 들어 있는 알의 개수는 6천-4만개에 이르며 한편 참개구리의 알 수는 1천8백-3천개 정도이다. 알을 낳는 산란장소도 종마다 조금씩 다르다. 계곡산개구리는 우리나라 개구리류 중 유일하게 계곡의 흐르는 물에 알을 낳는다. 알집이 흐르는 물살에 떠내려가지 않도록 끈끈한 알집을 바위나 돌에 붙여서 낳는다.

개구리류 피부의 표면은 독특한 무늬나 색깔이 있어서 천적으로부터 자신을 보호하는 중요한 수단이 된다. 사실 양서류 피부는 이렇게 몸을 감출 수 있는 기능위주로 진화해왔는데 학술적 용어로는 이를 '위장'이라고 한다. 위장은 피부표면의 질감, 색깔, 무늬 등에 의해 이루어지는데 그 중 주변환경에따라 자신의 몸색깔을 바꿔 천적으로부터 몸을 보호하는 위장은 주변환경의 자극에 의해 호르몬이 분비되면서 멜라닌 색소의 양이 조절되어 일어난다. 몸색깔의 변화는 단 몇분만에 이루어지는 경우도 있지만 며칠이 걸려 차츰차츰 이루어지는 경우가 많다. 피부색의 변화는 짝짓기할 때(혼인시기)도 일어난다. 북방산개구리 수컷은 이 시기가 되면 목과 배부분이 밝은 우윳빛으로 변하고 암컷의 목과 배부분은 붉은 반점이 뚜렷해진다. 반면에 북방산개구리와 유사종인 계곡산개구리는 암수모두 배부분이 초록색을 띈다.

변온동물로 주위의 온도에 따라 체온이 변하는 양서류가 추운 겨울동안 버티기 위해서는 특별한 방법이 필요하다. 대부분 땅속으로 들어가거나 계곡이나 물웅덩이의 밑바닥으로 들어간다. 그 속에서 바깥의 추운 공기를 피하면서 모든 신체활동을 멈추고 겨울을 지내는데 이를 동면이라고 한다. 동면동안은 눈을 감은 채 먹지도 않고 숨도 피부로만 쉰다. 동면전에 열심히 먹이를 먹어두어 가을철 개구리는 살찐 모습을 하고 있으나 동면을 하고난 개구리는 야윈 모습을 하고 있다. 그래도 생식세포만은 동면을 하는 동안에도 계속 성숙하기 때문에 봄이 되면 번식을 할 수 있는 것이다. 양서류가 동면을 하는 이유는 추운 겨울에 몸안의 열을 지나치게 빼앗기지 않기 위해서이다. 지나치게 더운 여름철에도 양서류는 동면과 비슷한 몸의 상태를 유지하는데 이는 몸안의 수분을 어느 정도 유지해야 살 수 있기 때문이다. 이를 하면이라고 한다. 동면이든 하면이든 그 원리는 같다. 추운 겨울에는 몸안의 열을 너무 빼앗기지 않기 위해서, 더운 여름에는 몸안의 수분을 어느 정도 유지하기 위해서 잠을 자는 것이다.

양서류의 먹이는 유생 시기와 변태후 성체가 되었을 때가 다르다. 물속에서만 생활하는 유생시기에는 수초를 갉아 먹거나 물속에 녹아있는 영양물질을 주로 먹으며 성체가 되어서는 작은 곤충류를 주로 먹는다(먹이생태편 참조). 양서류는 알에서부터 유생시기까지는 자신을 보호할 능력이 거의 없다. 그래서 성체가 될 때까지 살아남는 확률이 10% 이내에 불과하다. 양서류의 알은 유생이 될 때까지 필요한 많은 영양소를 가지고 있기 때문에 물속의 곤충, 어류, 민물거북류, 그리고 땅위의 조류와 작은 포유동물의 먹이가 되기도 한다. 알에서 유생이 되어서도 마찬가지이다. 많은 물속 곤충과 어류, 황소개구리, 거미류, 뱀류 등의 먹이가 된다. 변태를 통해 성체가 되면 위장 능력을 가지게 되어 자신을 보호하거나 먹이사냥을 할 때 유리해진다.

3장

한국산 양서류의 분류 및 분포

3.1 한국산 양서류의 과(family) 및 속(genus)간 검색표

1
A 성체는 꼬리가 있다. **2번으로**
유미류(도롱뇽류)
B 성체는 꼬리가 없다. **4번으로**
무미류(개구리류와 두꺼비류)

2
A 주둥이에 홈(groove)이 없다. **3번으로**
도롱뇽과
B 주둥이에 홈이 있다. **미주도롱뇽과**

3
A 서구개치열(Vomerine teeth)은 V자 모양이며 허파가 있다. **도롱뇽속**
B 서구개치열은 활모양(^^)이며 허파가 없다. **꼬리치레도롱뇽속**

4
A 오훼골의 연골 부분이 다소간 서로 중복되어 있다(Arciferal type). **5번으로**
B 오훼골의 연골 부분이 완전히 융합되어 있다(Firmisternal type). **7번으로**

5
A 등뼈는 후와형(後窩形)이다. **무당개구리과**
B 등뼈는 전형적인 전와형(前窩形)이다. **6번으로**

6
A 아래턱과 위턱에 이가 있고, 발가락 끝이 팽대되어 있다. **청개구리과**
B 아래턱과 위턱에 이가 없고, 발가락 끝이 팽대되어 있지 않다. **두꺼비과**

7
A 엉치등뼈의 횡돌기가 다소 팽대되어 있다. **맹꽁이과**
B 엉치등뼈의 횡돌기가 막대 모양으로 되어 있다. **개구리과**

3.2 한국산 양서류의 종목록

Class Amphibia	Order	Family	Genus	Scientific Name
양서강	Caudata (Urodela) 도롱뇽목	Hynobiidae 도롱뇽과	*Hynobius* 도롱뇽속	1. *Hynobius leechii Boulenger*, 1887 도롱뇽 2. *Hynobius quelpaertensis* Mori, 1928 제주도롱뇽 3. *Hynobius yangi* Kim, Min, and Matsui, 2003 고리도롱뇽
			Onychodactylus 꼬리치레도롱뇽속	4. *Onychodactylus fischeri*(Boulen-ger), 1886 꼬리치레도롱뇽
		Plethodontidae 미주도롱뇽과	*Karsenia* 이끼도롱뇽속	5. *Karsenia koreana* Min et al., 2005 이끼도롱뇽
	Anura 개구리목	Discoglossidae 무당개구리과	*Bombina* 무당개구리속	6. *Bombina orientalis*(Boulenger), 1890 무당개구리
		Bufonidae 두꺼비과	*Bufo* 두꺼비속	7. *Bufo gargarizans* Cantor, 1842 두꺼비 8. *Bufo stejnegeri* Schmidt, 1931 물두꺼비
		Hylidae 청개구리과	*Hyla* 청개구리속	9. *Hyla japonica* Günther, 1858 청개구리 10. *Hyla suweonensis* Kuramoto, 1980 수원청개구리
		Microhylidae 맹꽁이과	*Kaloula* 맹꽁이속	11. *Kaloula borealis*(Barbour), 1908 맹꽁이
		Ranidae 개구리과	*Rana* 개구리속	12. *Rana coreana* Okada, 1928 한국산개구리 13. *Rana dybowskii* Günther, 1876 북방산개구리 14. *Rana huanrenensis* Fei, Ye, and Huang, 1990 계곡산개구리 15. *Rana nigromaculata* Hallowell, 1861 참개구리 16. *Rana plancyi chosenica* Okada, 1931 금개구리 17. *Rana rugosa* Temminck et Schlegel, 1838 옴개구리 18. *Rana catesbeiana* Shaw, 1802 황소개구리 [도입종]

3.3 분류 및 분포 현황

도롱뇽 *Hynobius leechii* Boulenger, 1887.

도롱뇽목(유미목) Caudata(Urodela) | 도롱뇽과 Hynobiidae

1. **영명:** Korean Salamander
2. **분포:** 한국, 중국 동북부
   한국에서의 분포는 매우 넓어 제주도를 포함한 일부 도서와 반도지역 및 부산시 고리 주변을 제외한 전국의 내륙에 분포한다.
   ※ 채집지점(지도 1)
   · 경기도: 파주군 법원읍, 양평군 양평읍
   · 충청북도: 단양군 보현사, 충주시 상금곡리, 청주시 상당동
   · 충청남도: 청양군 정산면 마치1구
   · 전라북도: 무주군 설천면 구천동, 정읍시 내장동
   · 전라남도: 구례군 화엄사, 장성군 북하면 자장동
   · 경상북도: 울진군 평해읍 월송리, 상주군 영흥사, 영천시 우미2동, 성주군 수륜면 적송리, 경주시 강동면 양동리
   · 경상남도: 울산시 청량면 표리, 양산시 외송리
   · 강원도: 고성군 간성읍, 인제군 북면 용대리, 명주군 옥계면 상계리, 삼척군 우지동, 정선군 오반리, 정선군 백전면 한소리, 영풍군 풍기읍 태장리, 속초시 설악동
3. **형태적 특징:** 도롱뇽 속의 주요분류형질인 서개구치열(vomerine teech series)은 ^V^자 형으로 평균 31-36개의 서개구치를 가지며 미골수는 지역에 따라 26-30개까지 나타난다.
4. **암수구별:** 일반적으로 수컷은 등면이 흑색이며, 총배설강 상단에 돌기가 있어 등면이 갈색이다. 흑색소반점이 있는 암컷과 구별된다.
5. **유생:** 유생시기의 대부분 아가미를 가진다. 몸의 빛깔은 암갈색이고 흑갈색의 작은 점무늬가 몸 전체에 산재해있다. 유생의 다리는 개구리류와 달리 앞다리가 먼저 발생된다.
6. **알집:** 알집은 바나나 형태이다. 1쌍 2개의 알덩이를 바위밑이나 나뭇가지 등에 한쪽만 부착시켜 산란한다. 1개의 알집에는 보통 30-75개의 알이 들어 있어 1쌍의 알주머니에는 100개 정도의 알이 들어있다.
7. **생태:** 초봄에 주로 산지의 논두렁이나 하천 습지에 산란한다.

8. **분류:** 본 종은 영국인인 J.H. Leech씨가 원산에서 채집한 것을 1887년 Boulenger가 기재한 종이다. Yang 등(1997)은 유전자 분석과 골격형태 분석을 통해 단일종으로 알려져 있던 본 종에 생식적으로 격리된 3개의 자매종이 있음을 보고한바 있다.

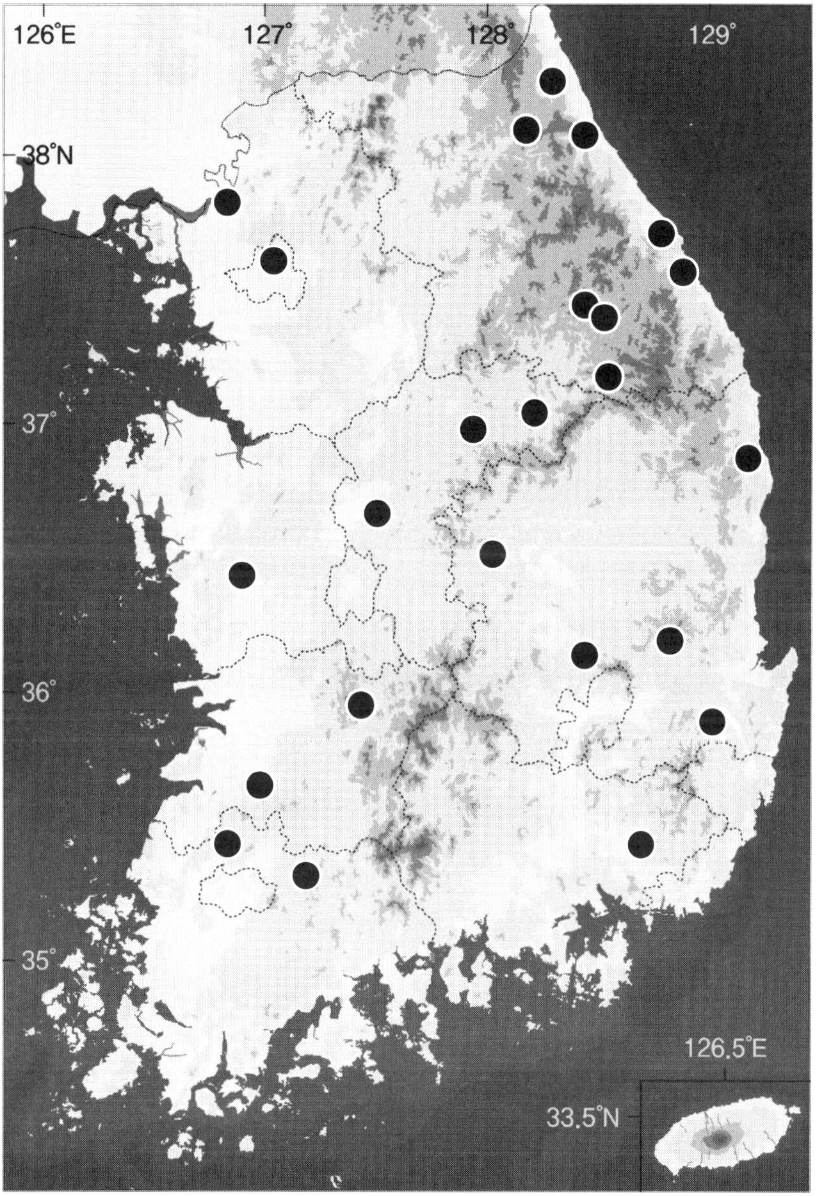

지도 1 도롱뇽의 분포(● 채집지).

제주도롱뇽 *Hynobius quelpaertensis* Mori, 1928.

1. **영명:** Che ju-Salamander
2. **분포:** 남한

   한국 특산종으로 제주도에만 서식하는 것으로 보고되어 오다가 최근에 Yang 등(1997)에 의하여 제주도를 포함한 서,남해안 주변의 일부 섬과 반도에도 서식함이 확인되었다.

   ※ 채집지점(지도 2)

   · 전라북도: 부안군 진서면 내소사
   · 전라남도: 장성군 북하면 자장동, 해남군 마산면 장촌리, 진도군 의신면 사천리
   · 경상남도: 거제군 신현읍 용주사, 남해군 삼장면 산내리
   · 제주도: 제주시 아라2동, 서귀포시 장수교
3. **형태적 특징:** 외형은 도롱뇽과 매우 유사하여 구별이 어렵다. 본 종의 서개구치는 평균 36-42개로 도롱뇽에 비하여 그 수가 많은 것이 특징이다. 골격형태에 대한 통계분석 결과 도롱뇽과 유의한 차이가 발견된바 있다(골격형태 형질에 대한 discriminant analysis 결과에서 두 종은 뚜렷이 구별되어 나타난다, 우 등, 1992; 골격형태형질에 대한 주성분분석 결과에서도 두 종은 잘 구별되어 나타난다, Yang 등, 1997).
4. **암수구별:** 도롱뇽과 유사하게 일반적으로 수컷은 등면이 흑색이며, 총배설강 상단에 돌기가 있어 엷은 갈색 바탕에 흑색 소반점이 있는 등면을 가진 암컷과 잘 구별된다.
5. **알집:** 알집도 도롱뇽과 유사하여 바나나 형태이다. 1쌍 2개의 알덩이를 바위밑에 한쪽만 부착시켜 산란한다.
6. **생태:** 초봄에 주로 산간의 하천에 산란한다. 도롱뇽은 고인 물과 흐르는 물 모두에 산란하는 특징이 있으나 제주도롱뇽의 제주 집단은 주로 하천의 흐르는 물 돌밑에 산란(lotic breeder)하는 특징이 있다.
7. **분류:** 본 종은 Mori(1928)가 본 종의 제주집단을 도롱뇽의 아종으로 발표하였으나 Yang 등(1997)은 유전자 분석을 통해 본 종이 도롱뇽과의 동서지역(전남 장성)에서 서로 생식적으로 잘 격리된 별종임을 보고한 바 있다. 최근에 백 등(2008)은 mtDNA 분석을 통해 본 종의 남해집단과 거제집단은 각각 별개의 새로운 종일 가능성을 제시한 바 있다.

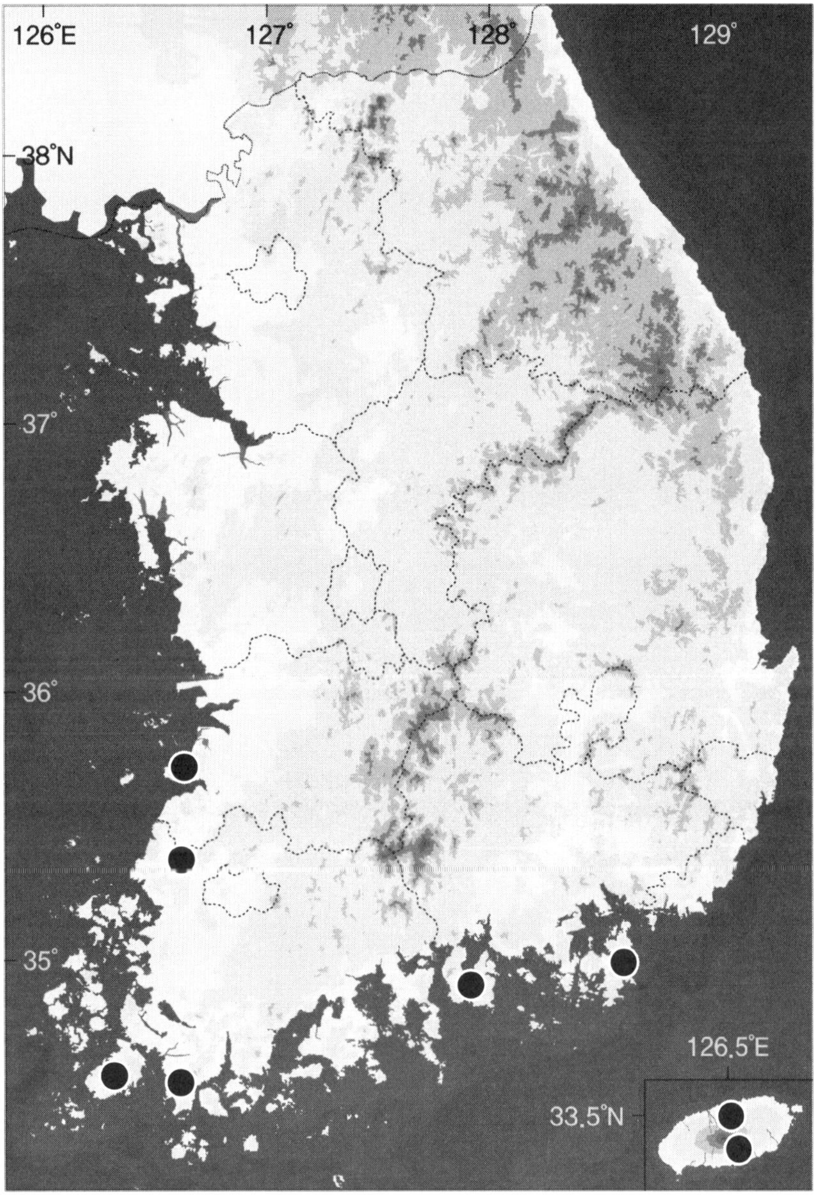

지도 2 제주도롱뇽의 분포(● 채집지).

Plate 3

고리도롱뇽 *Hynobius yangi* Kim, Min, Matsui, 2003.

1. **영명:** Kori-Salamander
2. **분포:** 남한

   한국특산종으로 부산시 기장군의 고리원자력발전소 주변에만 제한 서식하는 것으로 보고되어 오다가(Yang et al., 1997; Kim et al., 2003) 최근에 양 등(2004)에 의해 부산시 기장군, 경남 울주군, 양산시 일부지역에도 서식하는 것으로 보고되었다.

   ※ 채집지점(지도 3)

   · 부산시: 기장군 장안읍 효암리, 기장군 장안읍 길천리, 기장군 일광면 일광산, 해운대구 장산, 기장군 장안읍 월내리, 부산시 수영

   · 경상남도: 울주군 서생면 진하리, 명산리, 나사리, 화산리, 양산시 원동리, 양산시 웅상읍 매곡리
3. **형태적 특징:** 외형은 도롱뇽, 제주도롱뇽과 매우 비슷하여 구별이 어렵다. 그러나 개체의 등면이 주로 밝은 갈색의 개체가 많고 도롱뇽, 제주도롱뇽과 달리 수컷의 경우에도 등면이 흑색이 아닌 암갈색의 개체가 대부분이다. 개체 중에는 마치 색소결핍증(알비노)에 걸린 것처럼 노란색을 띄는 개체가 많이 출현한다. 도롱뇽 속의 주요 분류형질인 서개구치열은 도롱뇽, 제주도롱뇽과 같은 '√'자 형이나 서구개 치열이 비교적 깊고 치열을 둘러싼 육질의 모양이 특이하게 양끝이 꺾여 내려오는 도롱뇽, 제주도롱뇽과 달리 양끝이 거의 없는 완전한 V자 모양을 이룬다(그림 3.1 참조). 도롱뇽에 비해 비교적 짧은 전장에 비해 꼬리가 길고 높으며 앞뒷다리 간격이 더 크게 분리되어 있고, 제주도산 제주도롱뇽에 비해서도 더 작은 체장에 비해 상대적으로 더 긴 머리와 긴 꼬리 그리고 더 짧은 몸통 그리고 더 많은 옆주름(costal groove) 수(주로 14개인 반면에 제주도롱뇽 제주도산은 주로 12-13개)를 가진다.
4. **암수구별:** 일반적으로 수컷과 암컷 모두 등면이 암갈색 또는 밝은 갈색으로 체색에 의한 구별은 어렵다. 수컷은 총배설강 상단에 돌기가 있어 암컷과 구별된다.
5. **유생:** 유생시기의 대부분 아가미를 가진다. 몸의 빛깔은 암갈색이고 흑갈색의 작은 점무늬가 몸 전체에 산재해있다. 유생의 다리는 개구리류와 달리 앞다리가 먼저 발생된다.
6. **알집:** 알집은 도롱뇽, 제주도롱뇽과 달리 코일형태로 알집 끝이 많이 안쪽으로 감겨져 있다. 1쌍 2개의 알덩이를 나뭇가지나 나뭇잎 등에 한쪽만 부착시켜 산란한다.

7. **생태:** 이른 봄에 주로 평지(논 등)의 습지에 산란한다. 제주도산 제주도롱뇽과 달리 전형적인 lentic breeder(물흐름이 없는 고인 물에 산란하는 종)이다.
8. **분류:** 본 종은 양서영 등(Yang et al, 1997)에 의해 유전학적 및 골격학적으로 도롱뇽과 제주도롱뇽과는 뚜렷한 차이를 보이는 별종으로 간주된 후 김종범 등(Kim et al., 2003)에 의해 자세한 형태형질분석과 함께 정식으로 고리도롱뇽 명명과 함께 기재되었으며 학명은 본 종을 가장 먼저 발견하고 연구해온 양서영 교수를 기려 *Hynobius yangi*로 명명되었다. 일본 대마도산인 *Hynobius tsuensis*와는 서개구치의 모양에서 뚜렷이 구별되며 Kim 등(2007)은 최근에 한국산도롱뇽 3종과 일본 남서부의 서식종 3종(*Hynobius tsuensis, H. nebulosus, H. dunni*)을 동시에 비교 분석하여 6종 모두 유전적으로 뚜렷한 차이를 가지며 고리도롱뇽은 유전적으로 한국산 도롱뇽과 제주도롱뇽보다는 일본산 3종과 유전적으로 더 유사한 종임을 밝힌바 있다.

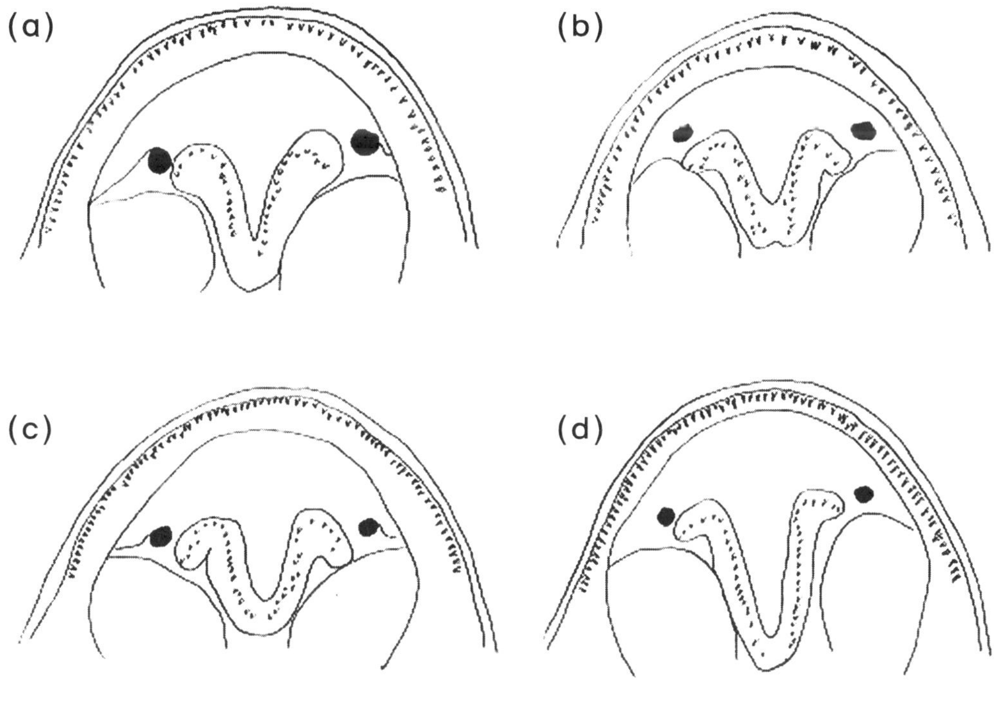

그림 3.1 도롱뇽속 4종의 서개구치열 모양. **(a)** 고리도롱뇽, **(b)** 도롱뇽, **(c)** 제주도산 제주도롱뇽, **(d)** *Hynobius tsuensis* (쓰시마도롱뇽).
(그림출처: Kim et al., 2003)

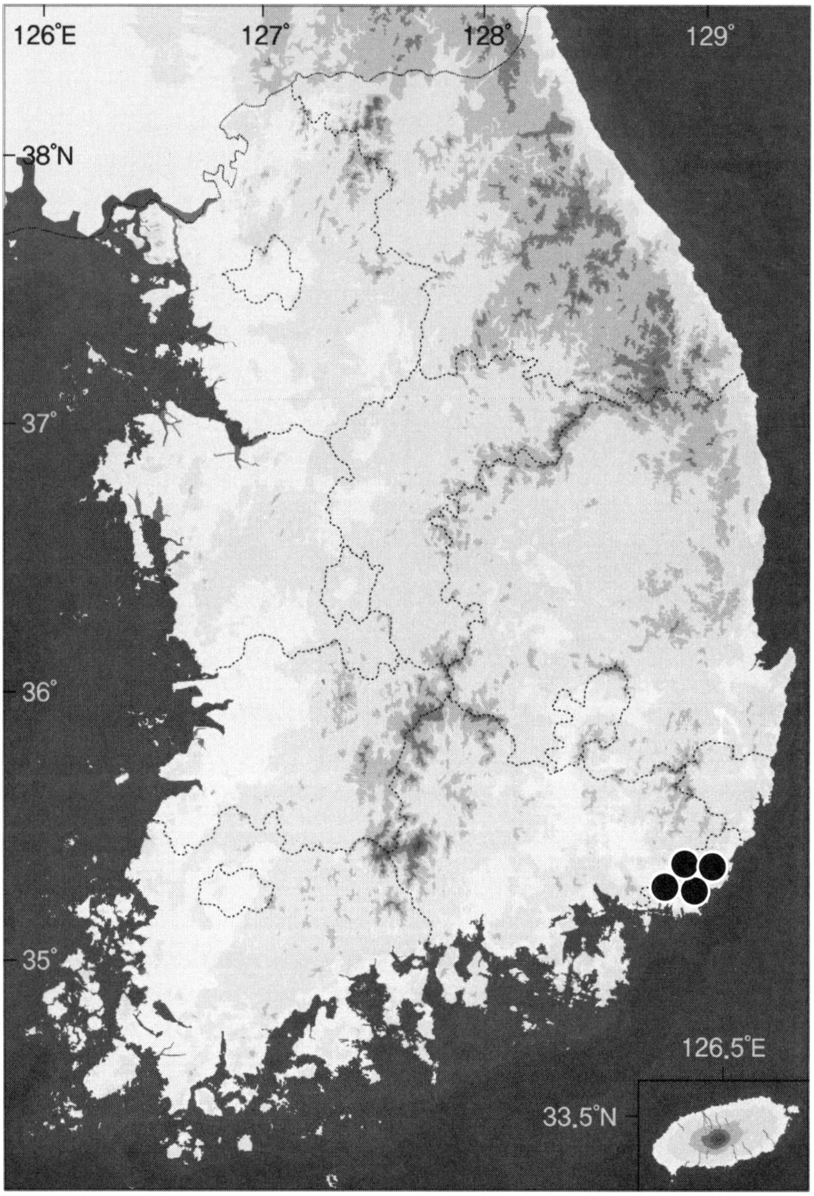

지도 3 고리도롱뇽의 분포(● 채집지).

Plate 4

꼬리치레도롱뇽 *Onychodactylus fischeri*(Boulenger), 1886.

1. **영명:** Korean Clawed Salamander
2. **분포:** 한국, 중국, 러시아
   한국에서의 분포는 정선, 태백, 설악산, 오대산, 치악산, 덕유산 무주구천동, 지리산, 내장산, 칠갑산 등 고산지대의 산간계곡에서 발견되며 주로 바위틈이나 나무뿌리 주변습지에 서식한다.
   ※ 채집지점(지도 4)
   · 강원도: 정선군 정선읍 오반리, 정선군 동면 한소리, 정선군 고한읍 두문동, 평창군 진부면 창촌리, 원주시 소초면 학곡리, 속초시 설악동, 홍천군 내면 광원리
   · 충청남도: 공주시 계룡면 계룡산
   · 전라북도: 무주군 설천면 구천동, 정읍시 내장동
   · 경상남도: 산청군 삼장면 유평리, 양산시 하북면 용연리
3. **형태적 특징:** 도롱뇽 속의 3종과는 외형상 꼬리가 길고 황갈색의 등면 전체에 암갈색의 점무늬가 산재되어 있어 잘 구별되며 서개구치열 또한 활모양(^^)으로 V자 모양인 도롱뇽속의 종들과 뚜렷한 차이를 보인다. 허파가 없다.
4. **암수구별:** 도롱뇽속의 종들과 마찬가지로 수컷은 총배설강 상단에 돌기가 있어 암컷과 구별된다. 번식시기때 수컷의 꼬리 끝과 뒷발은 넓어지며 뒷발의 발바닥에는 검정색의 거친 돌기들이 생긴다.
5. **유생:** 각 발가락 끝에는 예리한 흑색 발톱이 있다. 유생은 대개 2-3년간 수중생활을 하며 수온이 낮은 산간 계류에서 발견된다.
6. **알집:** 알은 2개 1쌍의 알주머니속에 지름 4-5㎜의 원형인 연한 황색알을 16-20개씩 가지고 있다.
7. **생태:** 산란의 피크는 6월부터 8월사이로 추측되며, 동굴에 산란하는 경우 동굴안을 흐르는 계곡의 벽에 알을 부착시켜 산란하는 것으로 알려져 있다(박, 2006).
8. **분류:** 최근에 Yoshikawa 등(2008)은 유전자분석을 통해 한국산은 러시아나 중국산과는 유전적으로 뚜렷이 구별되어 다른 별개의 종일 가능성을 제시한 바 있다.

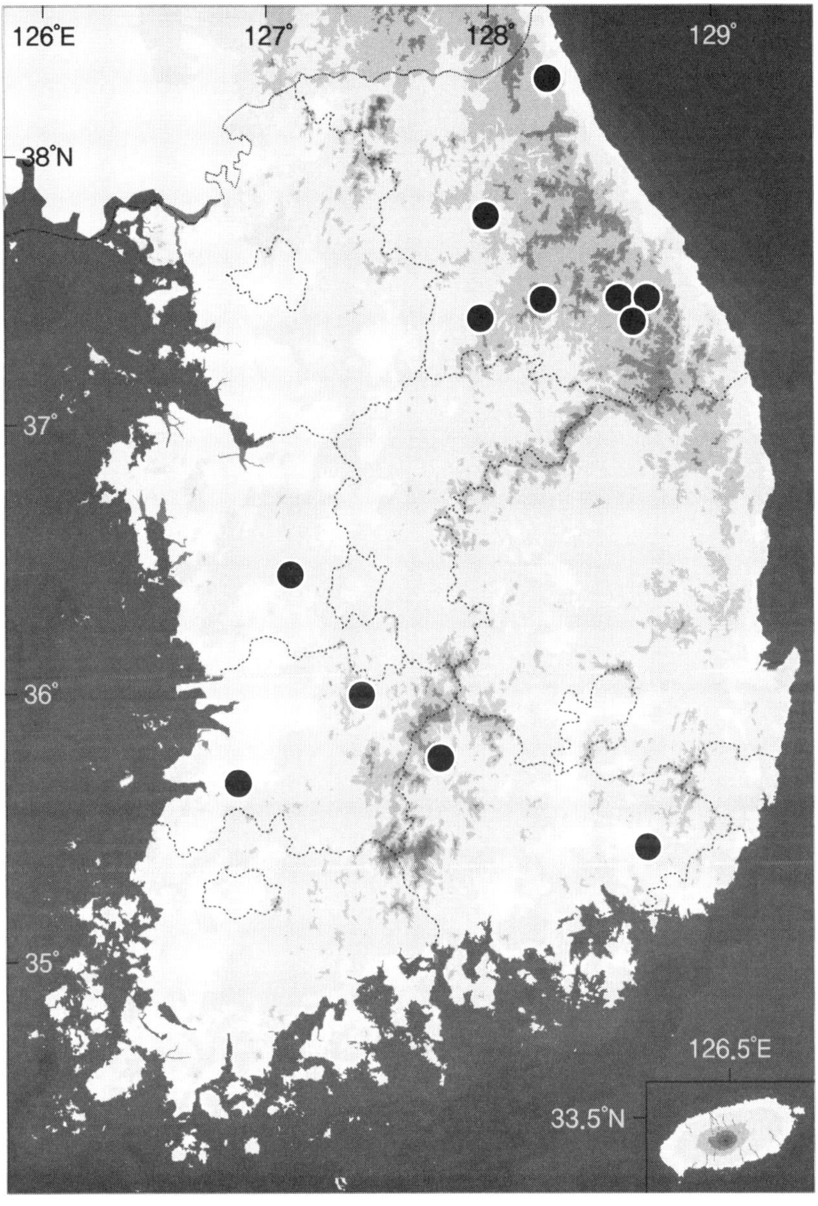

지도 4 꼬리치레도롱뇽의 분포(● 채집지).

Plate 5

이끼도롱뇽 *Karsenia koreana* Min et al., 2005.

미주도롱뇽과 Plethodontidae

1. **영명:** Korean Crevice Salamander
2. **분포:** 남한
   주로 고산지대의 이끼가 낀 돌밑에 숨어산다(김, 2009).
   ※ 채집지점(지도 5)
   · 충청북도: 청원군 문의면 염치리
   · 충청남도: 공주시 계룡면 계룡산, 대전시 장태산, 금산군 나미면 건천리 대둔산
   · 전라북도: 정읍시 내장동 내장산, 완주군 동상면 대아리
3. **형태적 특징:** 몸이 가늘고 등에 누런 귤색이 돈다. 도롱뇽 속의 3종과는 외형상 비슷하여 최근에야 신종으로 기재되었다. 미주도롱뇽과 종들의 특징인 주둥이에 홈(groove)이 있다.
4. **유생:** 난태생이며 생태는 아직 잘 알려져 있지 않다.
5. **분류:** 최근에 민미숙 등(Min et al., 2005)은 유전자분석과 외부형태, 골격형태 분석을 통해 한국산은 미주산과는 별개의 속(genus)에 별종임을 밝혔다. 본 미주도롱뇽과의 종은 아시아에서는 현재까지 한국이 유일한 분포지이다.

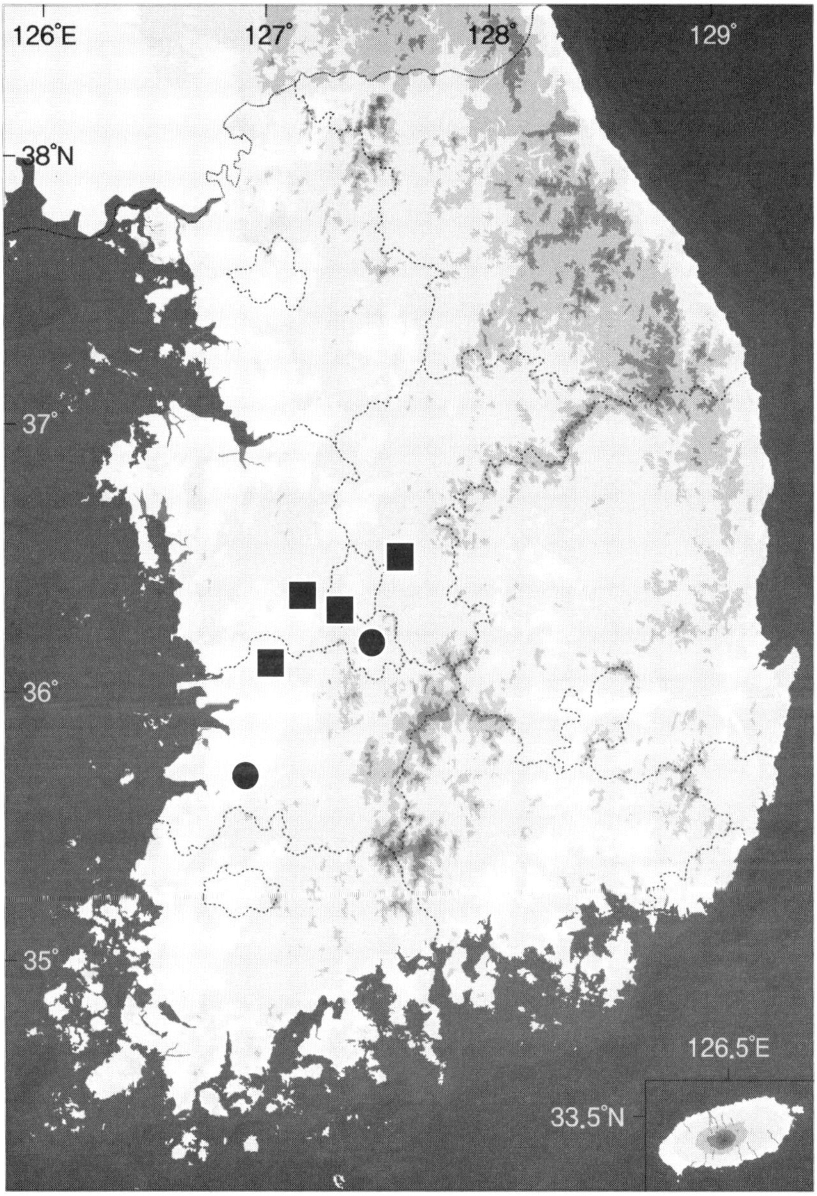

지도 5 꼬리치레도롱뇽의 분포(● 채집지, ■ 참고문헌 인용).

Plate 6

무당개구리 *Bombina orientalis* Boulenger, 1890.

개구리목(무미목) Anura | 무당개구리과 Discoglossidae

1. **영명:** Oriental Fire-bellied Toad
2. **분포:** 한국, 중국, 러시아
   한국에서의 분포는 충청남도 지역을 제외한 전국의 고도가 높은 산간계류에서 주로 발견되며 한반도의 제주도가 본 종의 남방한계선이다.
   ※ 채집지점(지도 6)
   · 강원도: 고성군 현내면 명파리, 산학리, 인제군 북면 용대리, 화천군 산내면, 춘천시 남동면, 춘천군 남면, 명주군 옥계면, 명주군 삼산면, 평창군 진부면, 삼척군 근덕면, 정선군 오반리, 원주시 소초면,
   · 경기도: 남양주군 진접면
   · 충청북도: 제천시, 단양군 매포읍
   · 경상북도: 봉화군 봉송면, 영덕군 지품면, 안동군 남선면, 상주군 내서면
   · 경상남도: 경주군 강동면, 경주군 양북면, 울산군 상북면, 합천군 가야면, 하동군 쌍계면, 남해군 삼동면
   · 전라북도: 무주군 설천면, 부안군 진서면, 정읍시 내장동
   · 전라남도: 광주시 광산구, 진도군 의신면, 진도군 임해면
   · 제주도: 제주시
3. **형태적 특징:** 몸의 등면은 암녹색, 청녹색 또는 갈색의 바탕에 불규칙한 흑색반문과 크고 작은 융기가 조밀하게 산재되어 있는 피부를 가지며, 배면의 피부는 매끄럽고 밝은 붉은색 바탕에 흑색의 불규칙한 반문이 산재되어 있어 한국의 타 개구리 종들과 잘 구별된다.
4. **암수구별:** 번식시기에도 형태적 특징에 의한 암수의 구별은 어렵다.
5. **유생:** 유생의 몸은 보통 알모양이며 주둥이 끝은 약간 뾰족하다. 분수공은 몸의 배면 정중선에 있고, 몸의 등면은 흑색이며 배면은 투명하여 내장이 선명하게 보이는 것이 가장 큰 특징이다. 지느러미에는 흑갈색의 얼룩덜룩한 무늬가 있다. 치식(Labial tooth row formula)은 2/3[1]이다(Park et al., 2006).
6. **알집:** 계곡주변 웅덩이에서는 수초나 나뭇가지 등에 10-20 여개의 알로 구성된 알집을 붙여 산란하는 경우가 많고 논습지에서는 낱개 1알씩 산란하는 경우도 있다.
7. **생태:** 보통 4월 중순부터 5월 사이에 산란한다.
8. **분류:** 국내산과 중국산의 골격형태 및 유전자 비교 결과 유의한 차가 없는 동일 분류군으로 확인된 바 있다(Suh et al., 1996: Yang et al., 1997b).

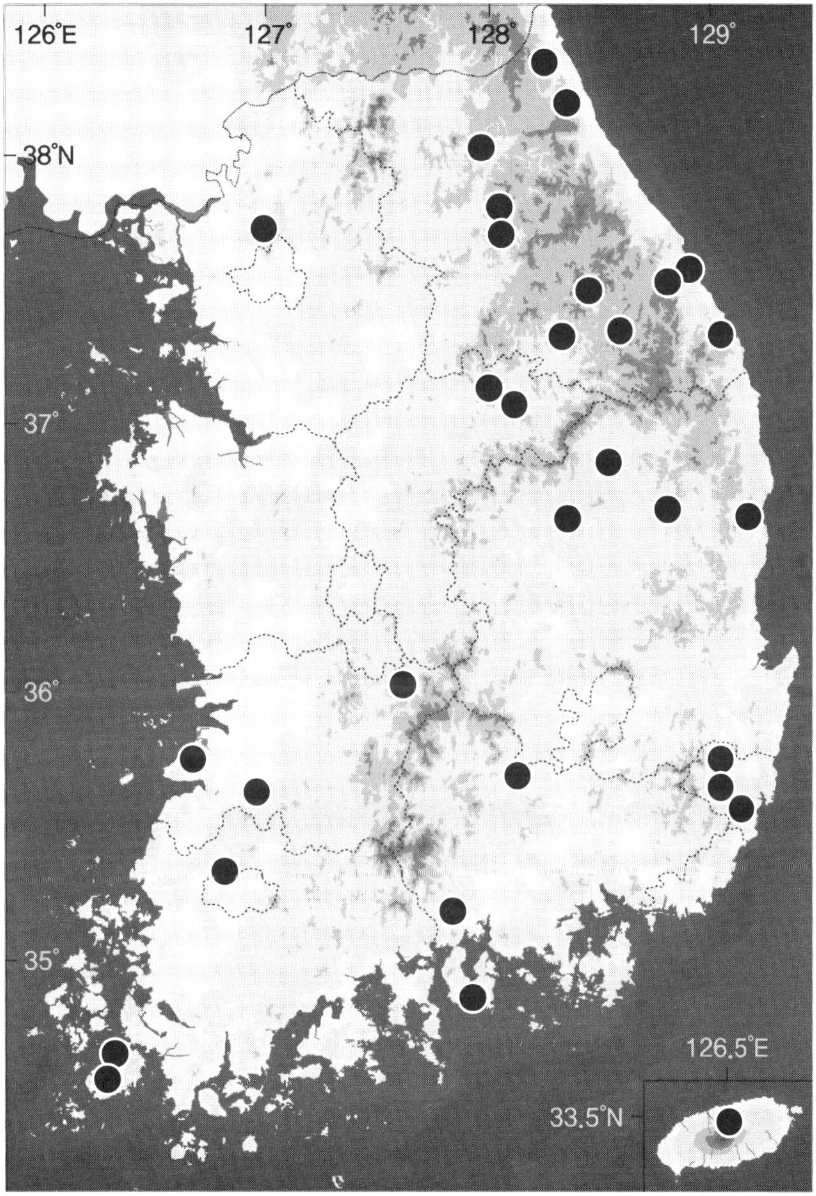

지도 6 무당개구리의 분포(● 채집지).

Plate 7

두꺼비 *Bufo gagarizans* Cantor, 1842.

두꺼비과 Bufonidae

1. **영명:** Asian Toad
2. **분포:** 한국, 중국, 러시아
   한국에서의 분포는 제주도를 포함한 전국에 서식하는 것으로 보고된 바 있으나(梁과 柳, 1978), 최근에 제주도에서의 서식은 확인되지 않고 있다.
   ※ 채집지점(지도 7)
   · 인천광역시: 강화군 강화읍 국화리
   · 강원도: 횡성군 둔내면 석문2리, 양양군 양양읍 용천리
   · 충청북도: 보은군 단부면 상장2리, 옥천군 옥천읍 마항리 청주시 흥덕구 산남동 원흥이마을
   · 전라북도: 완주군 화산면 운곡리
   · 광주광역시: 북구 충효동
   · 전라남도: 장성군 북하면 자하리
   · 경상북도: 경주시 강동면 양동리, 문경시 영순면 멍갓1리, 문경시 호계면 호계리
3. **형태적 특징:** 체색의 변이는 심하나 비교적 대형이며, 고막이 뚜렷하고 번식기를 제외하고는 육상생활을 하여 고막이 없고 수중 생활을 하는 물두꺼비와는 잘 구별된다. 암수 모두 등면을 덮고 있는 피부의 융기가 뚜렷하다.
4. **암수구별:** 암컷은 수컷에 비해 몸집이 크며 앞 다리가 길고 가늘다. 번식기에는 등면이 붉은색을 띄어 흑 회색을 띄는 수컷과 구별된다. 수컷은 산란시기에 첫 번째, 두 번째 발가락에 육괴(nuptial pad)가 나타난다.
5. **유생:** 꼬리를 포함한 몸 전체가 짙은 검정색으로 단일하게 나타나는 것이 가장 큰 특징이다. 양눈은 등면에 있으며 치식은 2(2)/3이다.
6. **알집:** 긴 염주알 형태의 알덩이를 산란한다.
7. **생태:** 보통 2월말 또는 3월초에 산지주변의 웅덩이나 저수지의 수심이 얕은 가장자리에 있는 수초나 벼 밑둥들을 감아서 산란하며 상층으로 갈수록 발생정도가 늦은 산란탑을 형성한다.
8. **분류:** 국내산과 중국산의 유전자 분석 결과 유의한 차이가 확인된 바 있어(Yang et al., 2000) 분류학적인 추가 검토가 요구된다. 일본의 Miyakojima Island와 Irabujima Island 산은 본 종의 아종 *Bufo gargarizans miyakonis* Okada(1931)로 보고되어 있고 대만산은 별종인 *Bufo bankorensis* Barbour(1908)로 기재되어 있다.

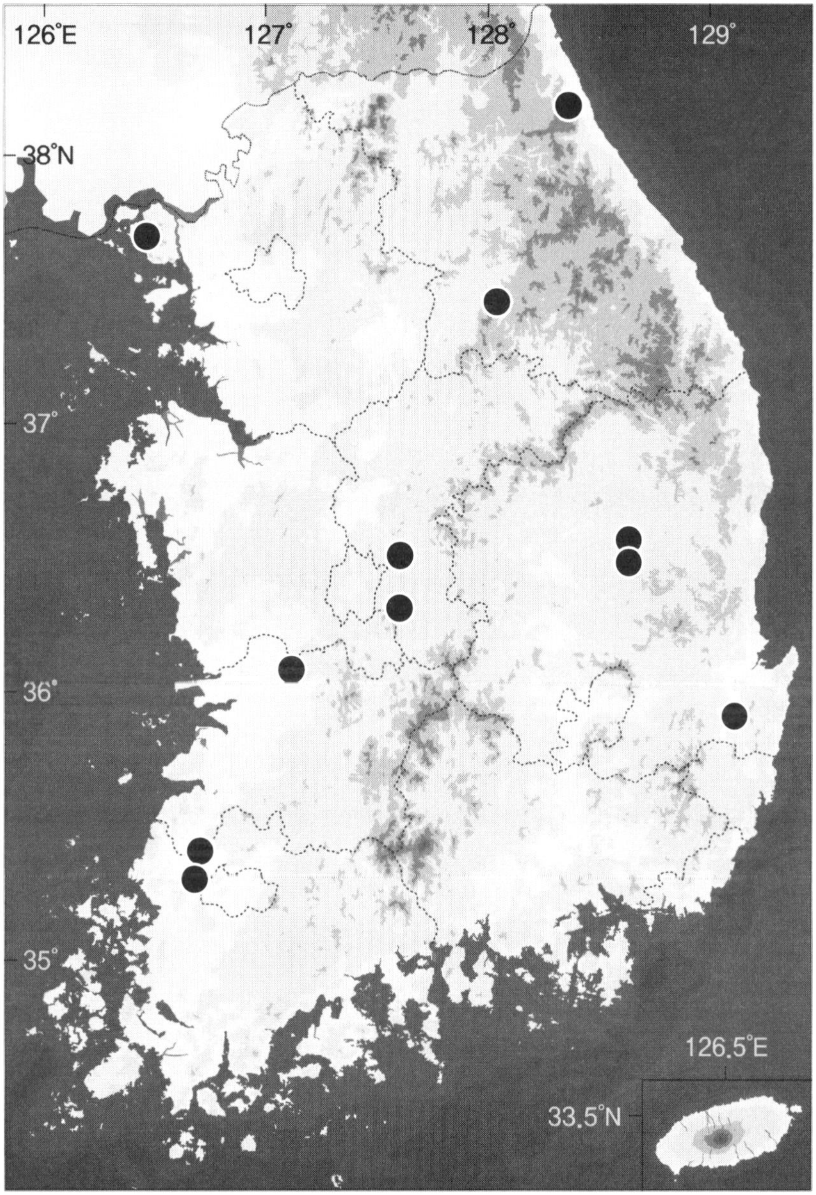

지도 7 두꺼비의 분포(● 채집지).

물두꺼비 *Bufo stejnegeri* Schmidt, 1931.

1. **영명:** Water Toad
2. **분포:** 한국, 중국
   한국에서의 분포는 주로 경기도 강원도의 산간계류에만 서식하는 것으로 보고되어오다가(梁과 柳, 1978) 최근에 지리산 대원사 계곡에서도 직접채집 확인되었다(양 등, 2001).
   ※ 채집지점(지도 8)
   · 경기도: 가평군 북면 적목리, 가평군 북면 화악2리
   · 강원도: 화천군 산내면 광덕2리, 원주시 소초면 학곡리, 인제군 인제읍 가아1리, 양양군 현북면 어성전리, 평창군 봉평면 흥정리, 정선군 북평면 수감리, 설악산 백담계곡
   · 경상남도: 산청군 삼장면 유평리
3. **형태적 특징:** 등면에 피부 융기가 뚜렷하고 체색도 번식기에 암컷이 비교적 붉은색을 띄어 두꺼비와 유사하나 체형이 작고 고막이 없으며 수중생활을 해 뒷다리의 물갈퀴가 두꺼비에 비해 더 잘 발달되어있다.
4. **암수구별:** 수컷은 암컷에 비하여 몸이 작고 체색이 흑갈색을 띠어 단순하며 번식기에는 앞발의 발가락에 검은 육괴가 나타난다.
5. **유생:** 몸은 흑갈색이며 양눈은 등면에 있으며 꼬리부분에는 얼룩덜룩한 무늬가 있다. 분수공은 몸통 배면의 중앙보다 약간 뒤쪽에 있으며 정중선에 있다. 지느러미는 투명하나 작은 좁쌀모양의 점무늬가 산재되어 있다. 치식은 2(2)/3 이다.
6. **알집:** 알집은 염주모양이며 동시에 2줄로 산란한다.
7. **생태:** 보통 4월경에 산간 계곡내에 산란하며 긴 염주알 형태의 알덩이를 비교적 유속이 약한 바위주변의 돌에 감아서 떠내려가지 않도록 산란한다.
8. **분류:** 지리적변이 조사결과 경기,강원도 집단과 지리산 집단 모두 유의한 차이가 없는 동일종으로 확인된바 있다(Yang et al., 2000).

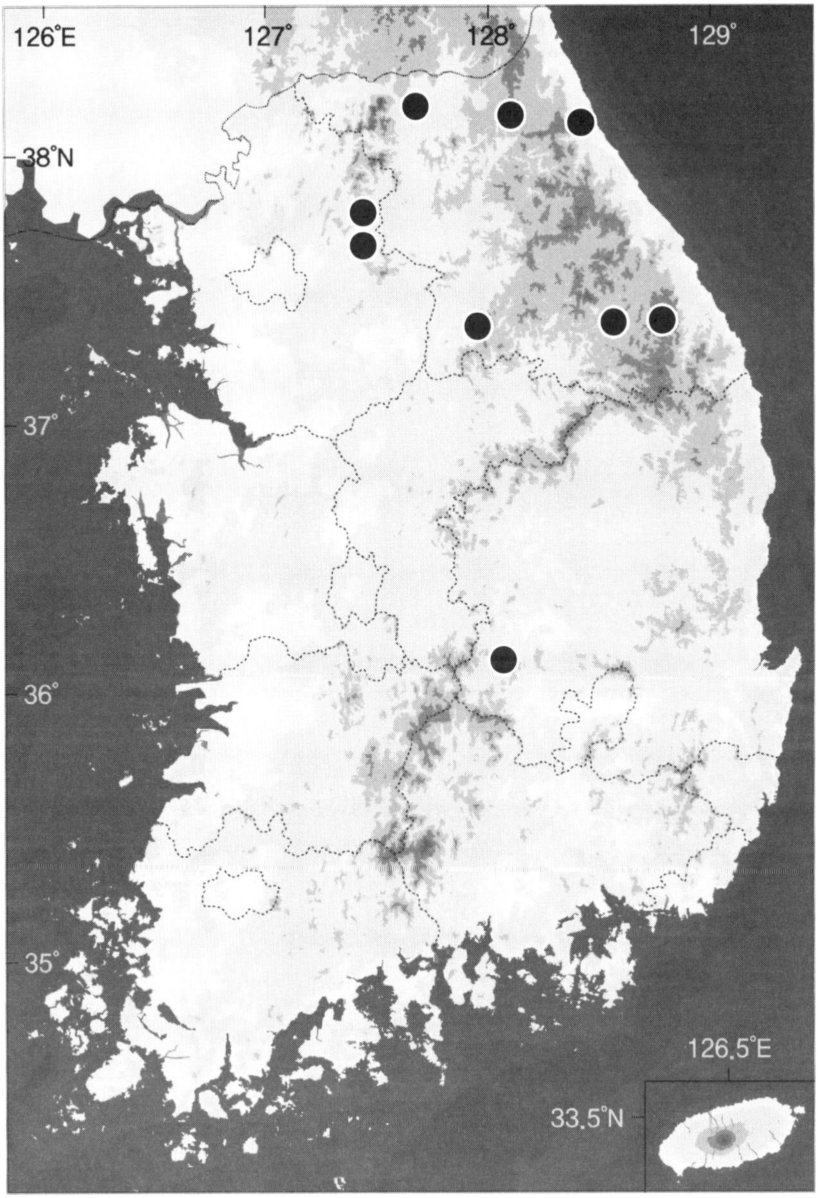

지도 8 물두꺼비의 분포(● 채집지).

Plate 9

청개구리 *Hyla japonica* Günther, 1859.

청개구리과 Hylidae

1. **영명:** Tree Frog
2. **분포:** 한국, 일본, 러시아, 몽골, 중국
   한국에서의 분포는 제주도, 거제도를 포함한 전국의 농지 주변에 널리 분포한다.
   ※ 채집지점(지도 9)
   · 서울특별시: 도봉구 쌍문동
   · 인천광역시: 강화군 하점면
   · 경기도: 옹진군 북도면 시도, 남양주군 광릉, 양평군 치제면, 수원시
   · 강원도: 고성군 현내면, 고성군 대진읍, 양양군 현북면, 강릉시, 홍천군 내면
   · 충청남도: 천원군 성환읍, 홍성군 금마면
   · 전라북도: 무주군 설천면, 부안군 부안읍, 남원시 광치동, 신안군 지도읍
   · 전라남도: 장성군 북하면, 진도군 고군면, 해남군 계곡면, 여천군 삼산면 거문도
   · 경상북도: 봉화군 봉성면, 울진군 온정면, 상주군 내서면, 영천시 야사동
   · 경상남도: 거창군 거창읍, 합천군, 울산군 상북면, 양산군 장안면, 하동군 화개면, 남해군 삼동면, 남해군 서면, 고성군 삼산면, 거제군 거제면 거제도
   · 제주도: 북제주군 한경면
3. **형태적 특징:** 비교적 소형으로 매끄러운 피부를 가진 등면은 녹색이나 회색 바탕에 진한 녹색이나 회갈색의 불규칙한 무늬가 있어 한국의 다른 개구리 종과는 잘 구별되나 본 종의 자매종(sibling species)인 수원청개구리(*Hyla suweonensis*)와는 외형적으로 구별이 어렵고 번식시기때 수컷의 구애음성(mating call)과 울음주머니 색깔 차이로만 식별된다.
4. **암수구별:** 수컷 목과 주둥이 사이에 있는 울음주머니 부위의 피부가 늘어져 있으면서 흑색반문이 뚜렷해 암컷과 구별된다.
5. **유생:** 몸의 등면이 진한 녹색(흑색에 가깝다)이나 하늘색이며 배면은 엷은 회색이다. 양눈은 몸의 등면이 아닌 측면에 있고 분수공은 비스듬히 몸 왼쪽 측면에 있으며 꼬리부분은 얼룩덜룩한 무늬가 있다. 치식은 2(2)/3 형태이다.
6. **알집:** 알덩이는 불규칙한 모양으로 1–10개의 알이 한 덩어리를 이룬다.
7. **생태:** 보통 4, 5월에 물이 고인 농지에 산란하며 10여개의 알로 구성된 알덩

이가 수초 등에 붙어 있는 것을 볼 수 있다.

8. **분류:** 최근의 유전자 분석결과 한국산은 일본산과 뚜렷한 유전적 차이가 있는 것이 확인되어(Yang et al., 1997c; Lee et al., 1999), 중국산을 포함한 분류학적 추가 검토가 필요하다. 한편, 거문도산 청개구리는 한때 별종인 Hyla stepheni Boulenger로 취급되어 오다가 Yang(1962)에 의하여 동일종으로 정리된 바 있다.

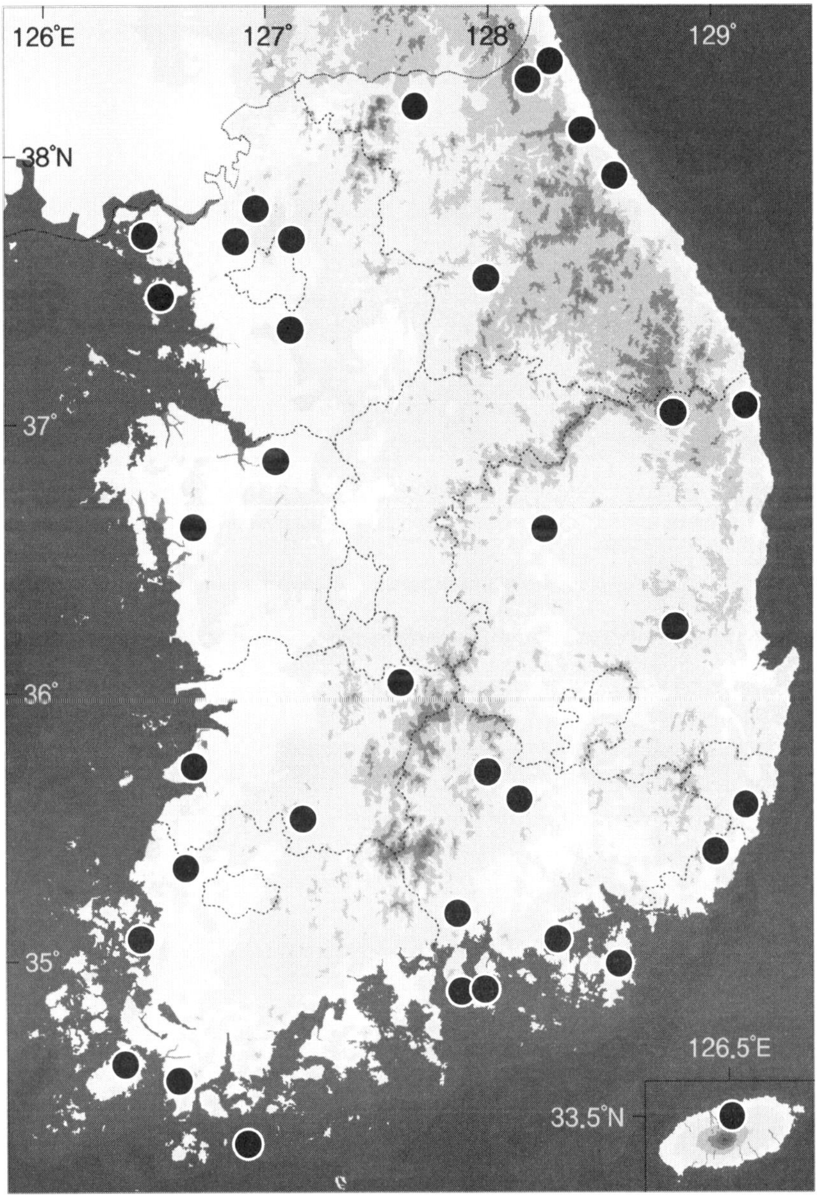

지도 9 청개구리의 분포(● 채집지).

수원청개구리 *Hyla suweonensis* Kuramoto, 1980.

1. **영명:** Suweon-Tree Frog
2. **분포:** 한국

   본 종은 본래 원기재지역인 경기도 수원시 소재 농촌진흥청 주변에만 그 서식이 알려져 오다가 Yang과 Park(1988)에 의하여 인천 용현동과 온양에서도 채집 확인된 바 있다. 최근에는 인천 용현동, 수원에서는 본 종의 발견이 어렵고 강화, 평택, 천안 등지에서 그 서식이 확인된다(양 등, 2001). 북한의 개성에서도 본 종의 서식이 확인된바 있다.

   ※ 채집지점(지도 10)

   · 인천광역시: 강화군 하점면

   · 경기도: 평택군 오성면

   · 충청남도: 천원군 성환읍
3. **형태적 특징:** 청개구리와 형태가 유사해 외형적으로 구별이 어려우나 개성에서 발견된 본 종의 모든 개체가 목부분에 노란 무늬를 가지고 있는 점으로 미루어 본 노란 무늬가 두 종을 구분할 수 있는 유일한 외형적 분류형질로 사료된다.
4. **생태:** 번식시기때 수컷의 구애음성은 청개구리에 비해 저음의 금속성이면서 call간 인터발이 길어서 식별이 가능하다(Yang et al., 1981; Yang and Park, 1988). 청개구리는 4월부터 번식을 시작하여 6월말까지 출현하는데 반하여 본 종은 5월 하순 이후에 번식을 시작하여 번식시기에 있어서 청개구리보다 약 40일 정도 늦는 것이 보고되었다(Yang et al., 1981).
5. **분류:** 본 종의 기재시 Kuramoto(1980)는 울음주머니의 색깔과 후지 물갈퀴의 차이를 들어 청개구리와 구별 기재한바 있다.

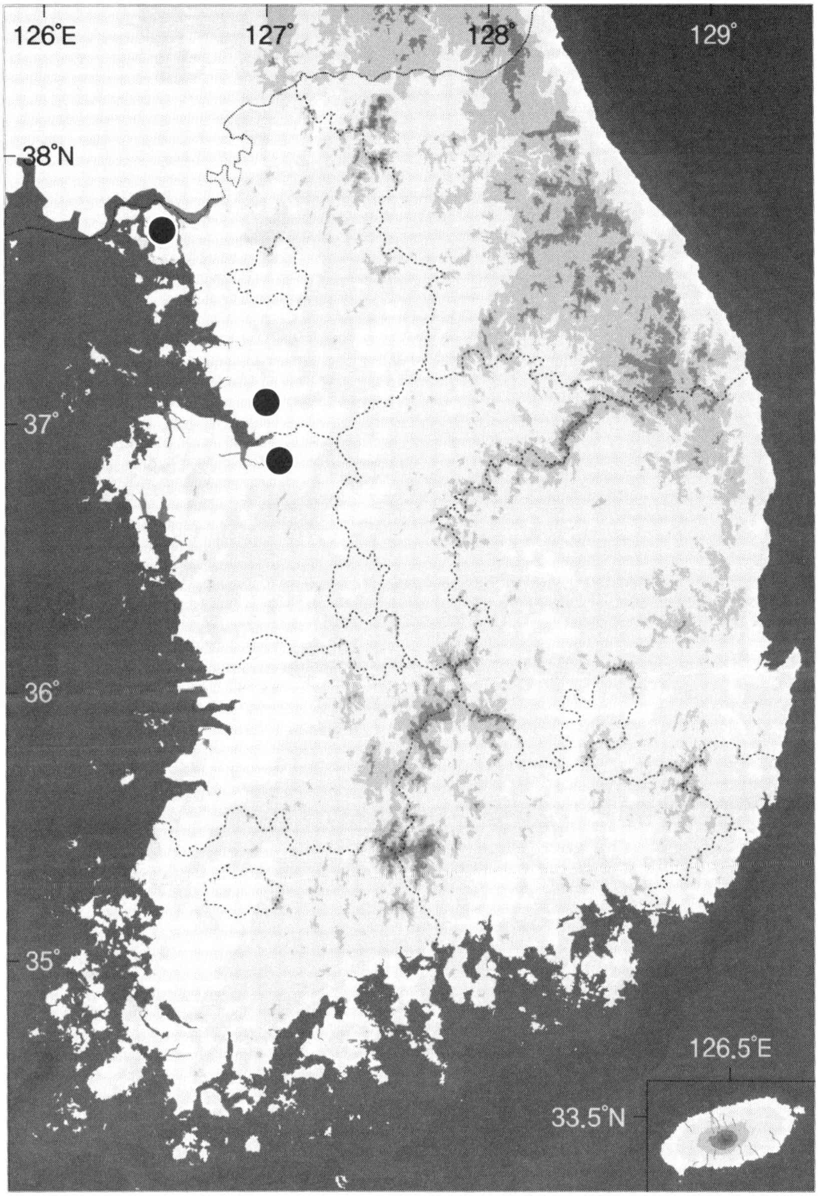

지도 10 수원 청개구리의 분포(● 채집지).

Plate 11

맹꽁이 *Kaloula borealis*(Barbour), 1908.

맹꽁이과 Microhylidae

1. **영명:** Narrow-Mouthed Toad
2. **분포:** 한국, 중국

   한국에서의 분포는 서울, 경기도, 충청도 등 남한의 중서부 지역과 추자도, 제주도에서의 서식이 보고되어 오다가(梁과 柳, 1978), 최근에 전라도의 완주, 광주, 영암 지역과 경상도의 상주, 안동, 경주, 창원 등 전국의 습지에서 그 서식이 추가 확인 되고있으며, 부산 을숙도에서도 본 종의 서식이 보고되었다(김, 2009).

   ※ 채집지점(지도 11)

   · 인천광역시: 남구 용현동
   · 서울특별시: 영등포구 신도림동, 한강 노들섬, 난지도
   · 경기도: 포천군 이금면 남유리
   · 충청북도: 청주시 흥덕구 산남동 원흥이마을
   · 충청남도: 연기군 조치원읍 서창리
   · 광주광역시: 북구 충효동
   · 전라북도: 완주군 화산면 운곡리
   · 전라남도: 영암군 덕진면 덕진리
   · 경상북도: 상주시 청리면 청리, 경주시 강동면 양동리, 안동시 풍산읍 상리
   · 부산직할시: 을숙도
   · 제주도: 북제주군 한경면 고산리, 남제주군 대정읍
3. **형태적 특징:** 체형은 매우 특이하여 몸통이 현저하게 좌우로 팽대되어 있으며 몸통에 비해 머리는 작고 주둥이 또한 작고 짧다. 등면에는 무질서한 흑색 반문들이 산재해 있다.
4. **암수구별:** 번식시기에도 수컷에 육괴는 나타나지 않으나 목과 주둥이 사이에 있는 울음주머니 부위의 피부가 늘어져 있으면서 흑색 반문이 뚜렷해 암컷과 구별된다.
5. **유생:** 주둥이 끝은 뾰족한 편이며 끝이 잘려 있다. 양눈은 몸체의 옆쪽 거의 가장자리에 있는 점이 매우 특이하다. 분수공은 몸통 배면의 중앙인 항문의 약간 앞쪽에 있다. 몸의 등면과 꼬리부분은 얼룩덜룩한 무늬가 산재해 있다. 치식은 없다.
6. **알집:** 알은 덩어리를 이루지 않고 알 하나하나가 떨어져 흩어져 있다.
7. **생태:** 보통 낮에는 땅속에 숨어 있고 밤에 나와 먹이를 잡아먹으며, 번식기

인 장마철 외에는 보기가 힘든 종이다(Kim, 1971). 보통 번식기는 6월말부터 7월말까지의 우기로 추정된다.

8. **분류:** 본 종의 기재지역인 중국산과의 형태 및 유전자 비교결과 유의한 차이가 없는 동일종으로 확인되었다(Yang et al., 2000).

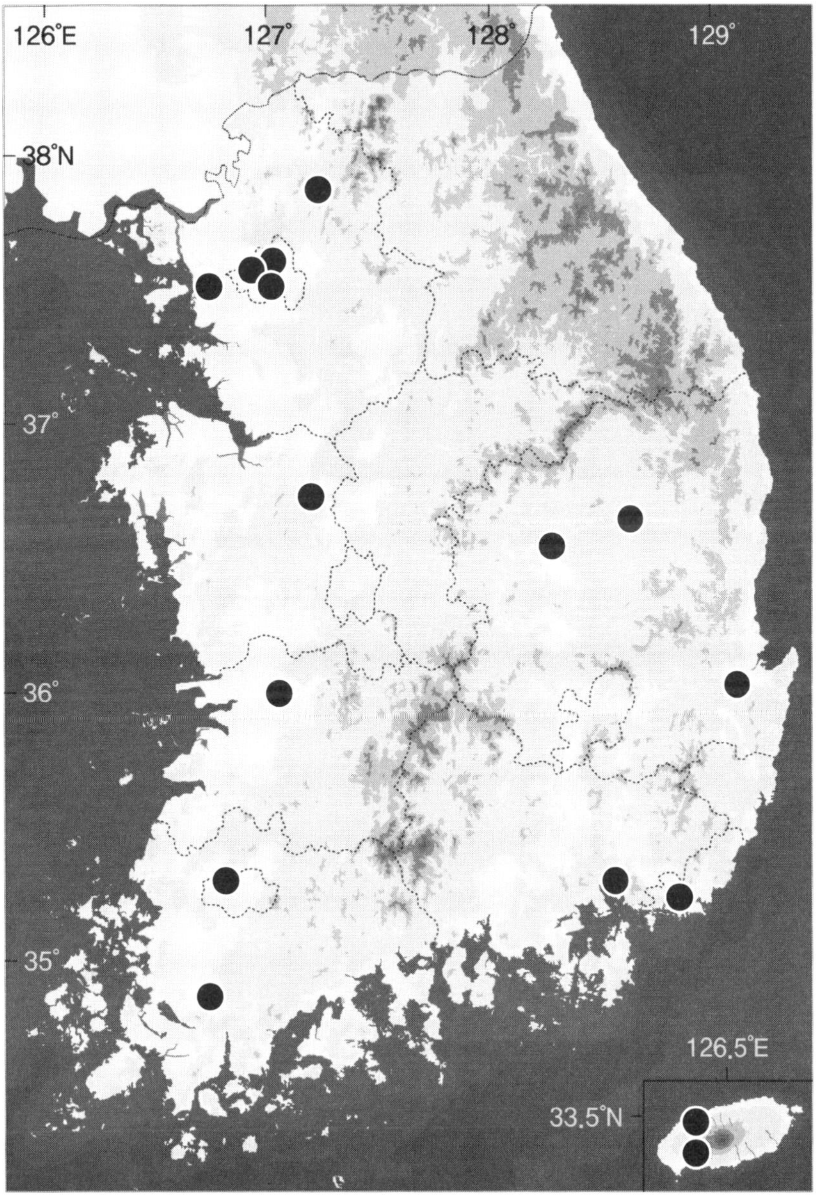

지도 11 맹꽁이의 분포(● 채집지).

Plate 12

한국산개구리 *Rana coreana* Okada, 1928.

개구리과 Ranidae

1. **영명:** Korean Brown Frog
2. **분포:** 한국
   전국내륙의 농지 주변에 널리 서식한다.
   ※ 채집지점(지도 12)
   · 인천광역시: 강화군 내가면
   · 경기도: 시흥시 소래, 양평군 용문면
   · 충청북도: 청주시 상당동, 영동군 추풍령면
   · 충청남도: 청양군 정산면
   · 전라북도: 정읍시 신월동 죽림마을
   · 경상남도: 양산군 장안읍
   · 경상북도: 경주시 강동면
   · 강원도: 강릉시 유천동, 고성군 거진읍
3. **형태적 특징:** 한국산 산개구리류(brown frog) 중 가장 소형으로 고막 뒤쪽으로부터 주둥이 끝까지 흑색 반문이 있어 눈 앞쪽으로는 뚜렷한 흑색반문이 없는 북방산개구리(*R. dybowskii*)나 계곡산개구리(*R. huanrenensis*)와 잘 구별된다.
4. **암수구별:** 수컷은 암컷에 비해 체구가 작고 앞다리가 더 잘 발달되어있어 암컷과 구별된다. 번식기에 수컷은 앞다리의 첫 번째 손가락에 육괴가 나타나며 암컷의 복부는 고춧가루를 뿌려놓은 듯한 무늬가 생긴다.
5. **유생:** 양눈은 등면에 있고 분수공은 몸통 측면에 있다. 꼬리부분에는 얼룩덜룩한 반문이 있으며 등면 양쪽에 눈알크기의 커다란 반점들이 있는 것이 가장 큰 특징이다. 치식은 2(2)/3[1] 형태이다(Park, 2006).
6. **알집:** 알집은 둥글거나 직사각형 형태이며 수백개의 알로 구성된 알덩어리(egg cluch)의 크기는 북방산개구리의 알덩어리에 비하여 현저히 작다(장경 10㎝ 내외).
7. **생태:** 북방산개구리와 달리 번식시기부터 월동전까지 산이나 계곡으로 이동하지 않고 농지의 주변 습지에서 계속 출현하는 특징이 있다. 보통 초봄에 북방산개구리와 함께 물이 고인 농지에 산란한다.
8. **분류:** 본 종은 아무르산개구리(*Rana amurensis coreana*)로 알려져 오다가 송재영 등(Song et al., 2006)에 의하여 러시아산 *Rana amurensis amurensis*와는 아종(subspecies)이 아닌 별종임이 밝혀져 학명의 변경과 함께 한국산개구리로 명명되었다.

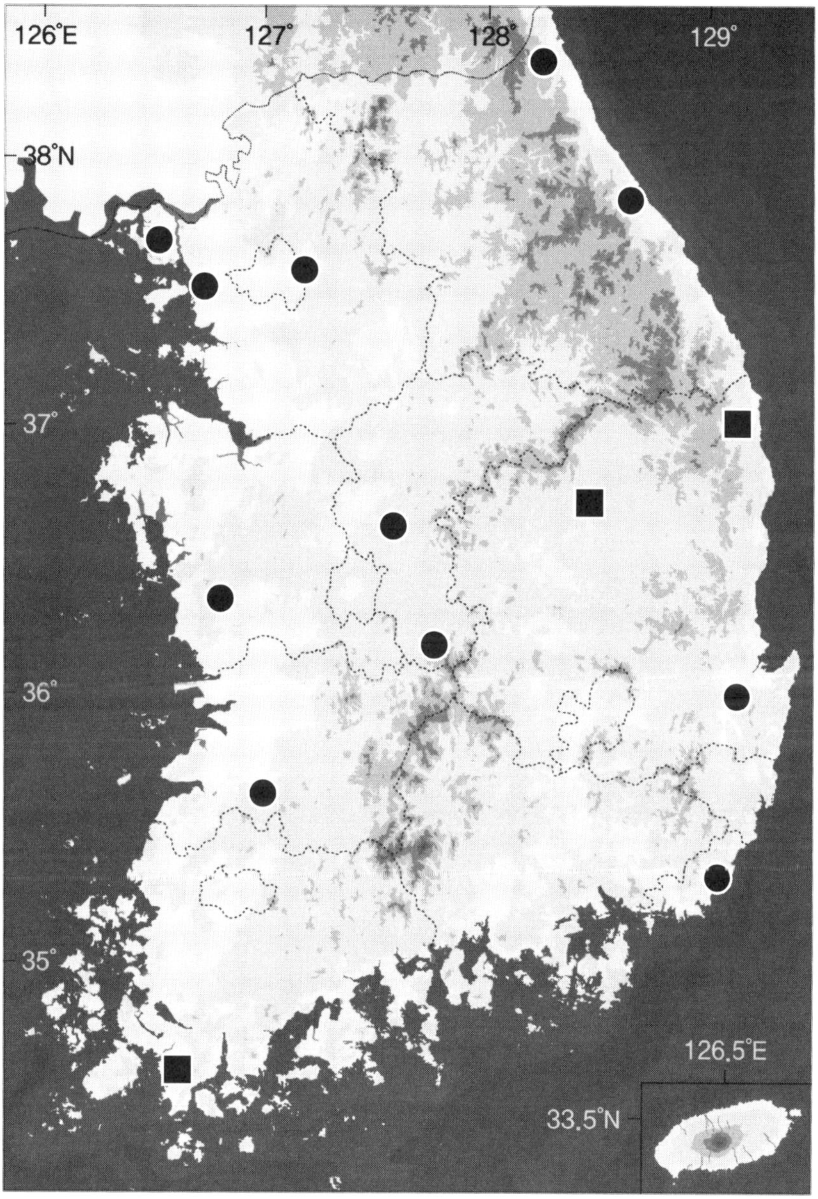

지도 12 한국산개구리의 분포(● 채집지, ■ 참고문헌 인용).

Plate 13

북방산개구리 *Rana dybowskii* Günther, 1876.

1. **영명:** Dybowski's Brown Frog
2. **분포:** 한국, 러시아, 일본(대마도)
   한국에서의 분포는 전국 내륙의 산지 주변에 널리 서식한다.
   ※ 채집지점(지도 13)
   · 경기도: 가평군 북면 화악리, 양평군 용문면
   · 강원도: 동해시 비천동, 인제군 북면 백담사, 고성군 간성읍, 고성군 거진읍, 원주시 치악산
   · 충청남도: 청양군 대치면
   · 전라북도: 무주군 안성면, 순창군 복흥면 봉덕리
   · 전라남도: 장성군 북하면, 구례군 화엄사, 해남군 마산면
   · 경상남도: 거제시 신현읍, 하동군 쌍계사, 양산군 내원사
   · 제주도: 서귀포시
3. **형태적 특징:** 한국산 산개구리류 중 가장 대형으로 뚜렷한 흑색반문이 눈 뒤쪽까지는 있고 눈앞쪽으로는 없어서 한국산개구리와는 잘 구별되나 눈 뒤쪽의 흑색반문 특징까지도 같은 계곡산개구리와는 외형적으로 구별이 쉽지 않다. 그러나 복부와 턱 밑의 바탕색이 본 종은 우유빛 흰색인 반면 계곡산개구리는 미색 바탕에 흑색의 작은 반문들이 산재해 있어 구별된다. 본 종의 암컷은 번식시기에 턱밑과 복부에 붉은 반문들이 나타나 알콜 보관시 흑색반문으로 변한다. 본 종의 수컷은 턱밑에 울음주머니(paired internal vocal sacs)를 가지나 계곡산개구리는 없다.
4. **암수구별:** 수컷은 암컷에 비하여 체구는 작으나 앞다리가 잘 발달되어있으며 번식시기가 되면 앞다리의 첫 번째 손가락에 육괴(=혼인육지)가 나타난다. 암컷은 번식시기에 턱밑과 복부에 붉은 반문이 나타난다.
5. **유생:** 양눈은 등면에 있으며 분수공은 몸통 측면에 있다. 꼬리에는 얼룩덜룩한 무늬가 있다. 치식은 4(2-4)/4[1]이다(Park et al., 2006).
6. **알집:** 알집은 원형으로 수백개의 알로 구성된 알덩어리의 크기는 한국산개구리나 계곡산개구리의 그것에 비해 현저히 커 장경이 15㎝에 이른다.
7. **생태:** 주로 산지에 있는 하천의 돌밑에서 월동을 하고 번식시기인 초봄이 되면 논지주변 또는 하천주변의 웅덩이로 이동해 산란한다.
8. **분류:** 본 종은 최근까지 변이가 심한 1종으로 알려져 오다가 형태, 생태, 유전자분석 결과를 통해 유사종인 계곡산개구리가 한반도에 서식하는 것이 확인된바 있다(Yang et al., 2000c). 본 종은 *R. dybowskii*의 원기재 지역인 블라디보스톡 주변의 topotype과는 유전적으로 뚜렷한 차이가 있는 것

이 확인되어 추가 연구를 통한 학명정리가 요구되고 있다(Matsui et al., 1998).

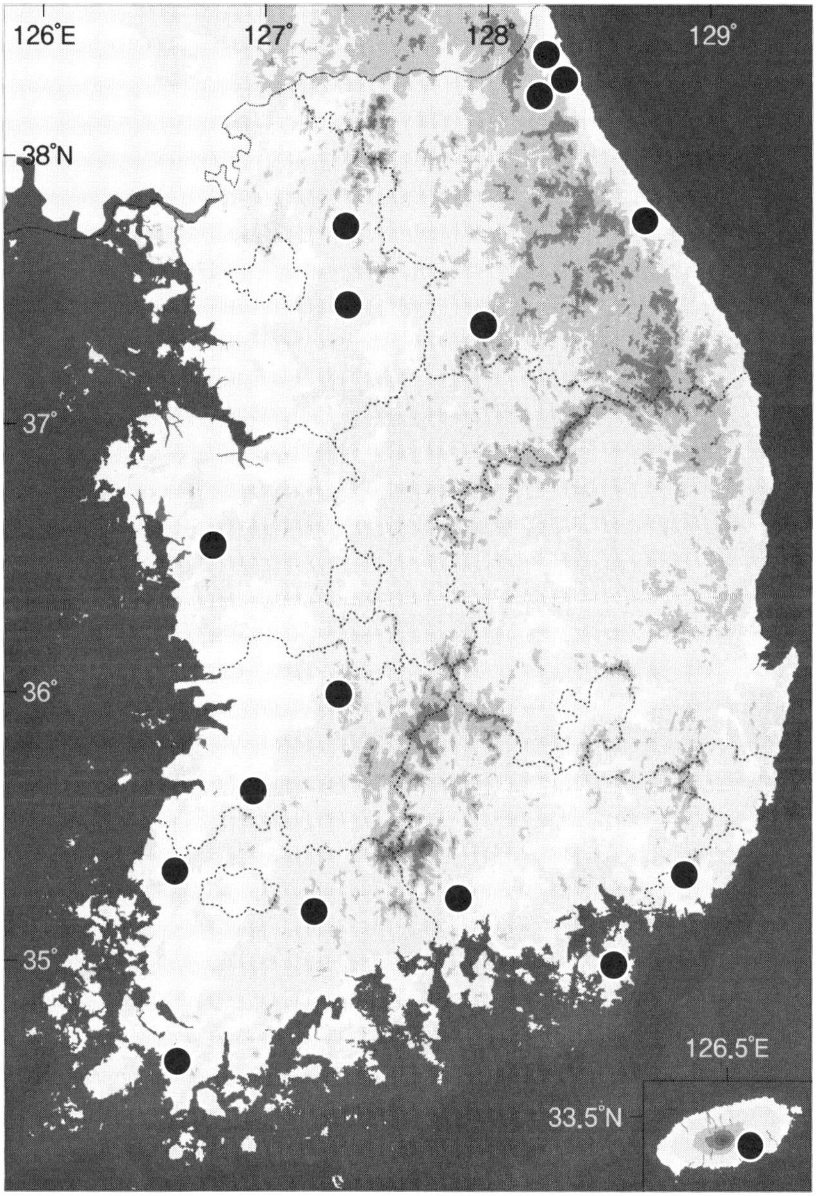

지도 13 북방산개구리의 분포(● 채집지).

Plate 14

계곡산개구리 *Rana huanrenensis* Fei, Ye, and Huang, 1990.

1. **영명:** Huanren Brown Frog
2. **분포:** 한국, 중국(후안랜)
   한국에서의 분포는 전국 내륙의 산간 계곡에 널리 서식한다.
   ※ 채집지점(지도 14)
   · 경기도: 가평군 북면 화악리
   · 강원도: 동해시 비천동, 인제군 북면 백담사(설악산), 정선군 동면 오반리, 정선군 백전면 한소리, 평창군 진부면
   · 경상북도: 포항시 보경사, 청송군 대전사, 영덕군 남중면
   · 전라북도: 정읍시 내장동 내장산
   · 전라남도: 장성군 북하면
3. **형태적 특징:** 한국산 산개구리류의 일종으로 뚜렷한 흑색반문이 눈 뒤쪽까지는 있고 눈 앞쪽으로는 없어서 한국산개구리와는 잘 구별되나 눈뒤쪽의 흑색반문 특징도 같은 북방산개구리와는 외형적으로 구별이 쉽지 않다. 그러나 복부와 턱 밑의 바탕색이 미색이며 흑색의 작은 반문들이 산재해있어 우유빛의 흰 바탕색을 가지는 북방산개구리와 구별된다. 본 종은 번식시기 때 암수모두 턱밑과 복부주위에 초록색 반문들이 나타나며 수컷은 턱밑에 울음주머니가 없어 북방산개구리와 잘 구별된다.
4. **암수구별:** 암수간에 체구 차이가 거의 없으며 수컷은 교배를 위해 앞다리가 잘 발달되어 있고 번식시기가 되면 앞다리의 첫 번째 손가락에 육괴가 나타난다.
5. **유생:** 양눈은 등면에 있으며 분수공은 몸통 측면에 있다. 꼬리에는 얼룩덜룩한 무늬가 없는 점이 북방산개구리 유생과의 차이이다. 치식은 4(2-4)/4[1]로 북방산개구리 유생과 같다(Park et al., 2006).
6. **알집:** 알집은 원형이며 알덩어리를 구성하는 알들은 서로 단단하게 붙어있어 북방산개구리의 알집에 비해 현저히 작고 단단하다(장경 10㎝ 이하의 포도송이형).
7. **생태:** 주로 산간계곡에 있는 하천의 돌 밑에서 월동을 하는 점은 북방산개구리와 같으나 번식시기가 되어도 농지주변 또는 하천주변의 웅덩이로 이동하지 않고 계곡의 물속에 잠겨있는 바위나 계곡 가장자리에 있는 작은 돌 등에 다수의 알로 구성된 알덩어리를 붙여 산란한다.
8. **분류:** 본 종은 최근에 양서영, 김종범 등(Yang et al, 2000c)의 형태, 생태, 유전자분석결과를 통해 유사종인 북방산개구리와 별종임이 확인되어 미기록종으로 분리 보고된 종이다.

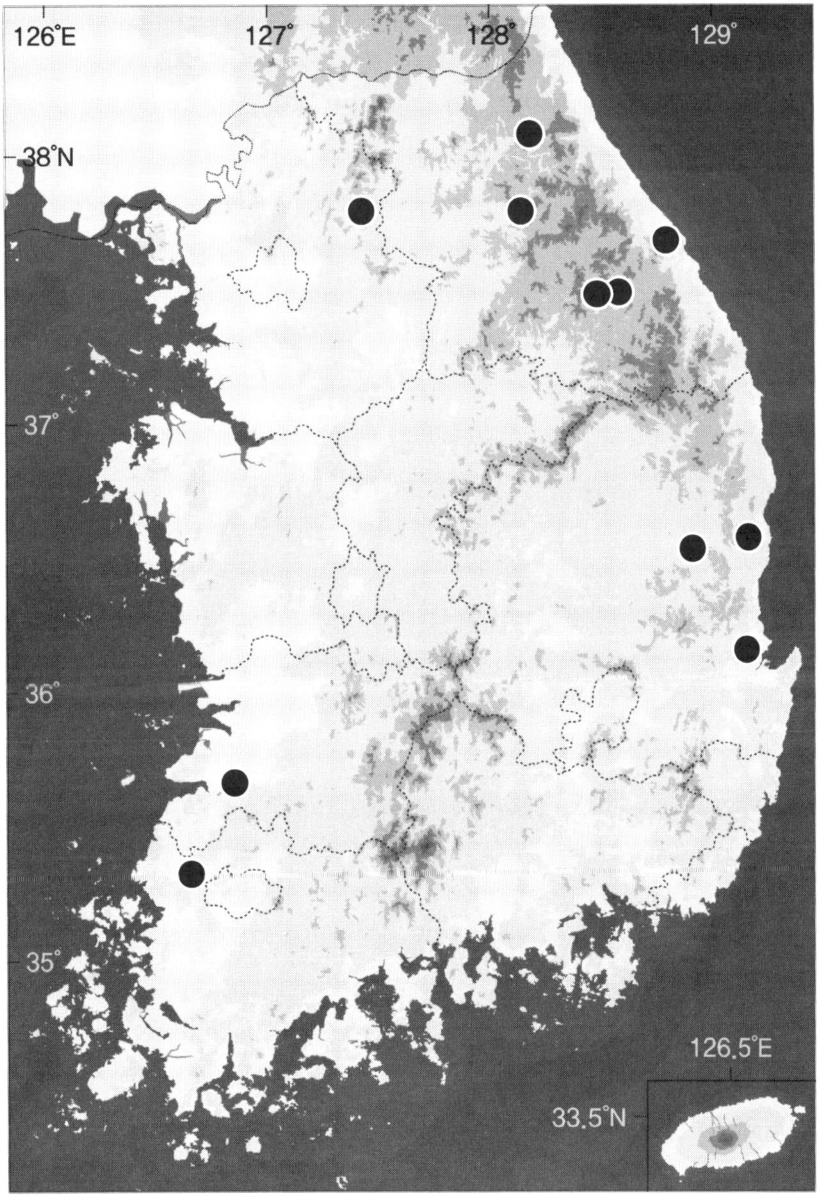

지도 14 계곡산개구리의 분포(● 채집지).

Plate 15

참개구리 *Rana nigromaculata* Hallowell, 1861.

1. **영명:** Black-Spotted Pond Frog
2. **분포:** 한국, 중국, 티벳, 타이완, 러시아의 동부, 일본
   한국에서 본 종은 제주도를 포함한 전국의 농지주변에 널리 서식한다.
   ※ 채집지점(지도 15)
   · 인천광역시: 강화군 하점면 다운리(강화도), 강화군 교동면 월순리(교동도), 옹진군 북도면 시도
   · 강원도: 원주시 소초면 학곡리, 춘천시 우두동, 양양군 현북면 어성전리, 고성군
   · 충청남도: 보령시 남포면 봉덕리, 연기군 조치원읍 서창1리, 태안군 안면읍 정당리, 논산군 연무읍 안심6동,
   · 광주광역시: 북구 화암동
   · 전라남도: 장성군 북하면 신성리, 진도군 의신면 초상리, 순천시 삼산동
   · 경상북도: 경주시 강동면 양동리, 상주시 양촌동, 울진군 근남면 구산1리
   · 경상남도: 하동군 화계면 쌍계사, 남해군 삼동면 영지리, 거제군 연초면 연초3리,
   · 부산직할시: 기장군 장안읍 길천리
   · 제주도: 북제주군 한경면 고산리
3. **형태적 특징:** 한국산 개구리류 중 등면의 반문 변이가 가장 심한 종으로 주로 녹색, 갈색, 회갈색의 반문을 가진다. 등면에는 주둥이끝부터 항문에 이르는 중앙선 1개와 등면 양옆에 눈뒤부터 시작되는 2개의 긴 융기선을 가져 모두 3개의 등선을 보인다. 중앙선은 개체변이가 심해 머리 끝에 일부만 있는 경우도 있다. 이러한 특징은 중앙선이 없이 양쪽 등옆에만 2개의 굵은 금색의 융기선을 가지는 금개구리와 구별된다.
4. **암수구별:** 개체에 따라 등면에 있는 3개 등선의 색은 변이가 많아 수컷은 등면의 바탕색과 유사한 녹색이나 금색이며 암컷은 흑색 또는 흑갈색 바탕의 등면에 흰색의 융기선과 중앙선을 가지며, 번식시기가 되면 수컷의 앞발가락에 비교적 크고 뚜렷한 회색의 육괴가 나타난다.
5. **유생:** 양눈은 등면에 있으며 분수공은 몸통 왼쪽 측면에 있다. 꼬리부분은 얼룩덜룩한 무늬가 있으며 몸통 등면에 뚜렷한 회색의 중앙선이 있는 것이 가장 큰 특징이다. 치식은 2(2)/3[1] 형태이다(Park, 2006).
6. **알집:** 알덩이는 전체적으로 아주 불규칙한 원형이다. 하나의 알덩이 속에 들어있는 알의 수는 평균 1000개 가량이며(강과윤, 1975) 장경은 약 20㎝의 접착성이 없는 알덩어리를 산란한다.

7. **생태:** 주로 논이나 밭의 습기가 있는 땅밑에서 동면한 후 4월부터 출현하여 산란을 시작하며 5월에 절정을 이룬다. 산란은 주로 산지나 평야에 있는 논 습지에 한다.
8. **분류:** 본 종은 국내에서 형태가 매우 비슷한 금개구리(*Rana plancyi chosenica*)와 아종으로 취급되어 오다가(Okada, 1931), Shannon(1956)에 의해 별종으로 기재 되었다.

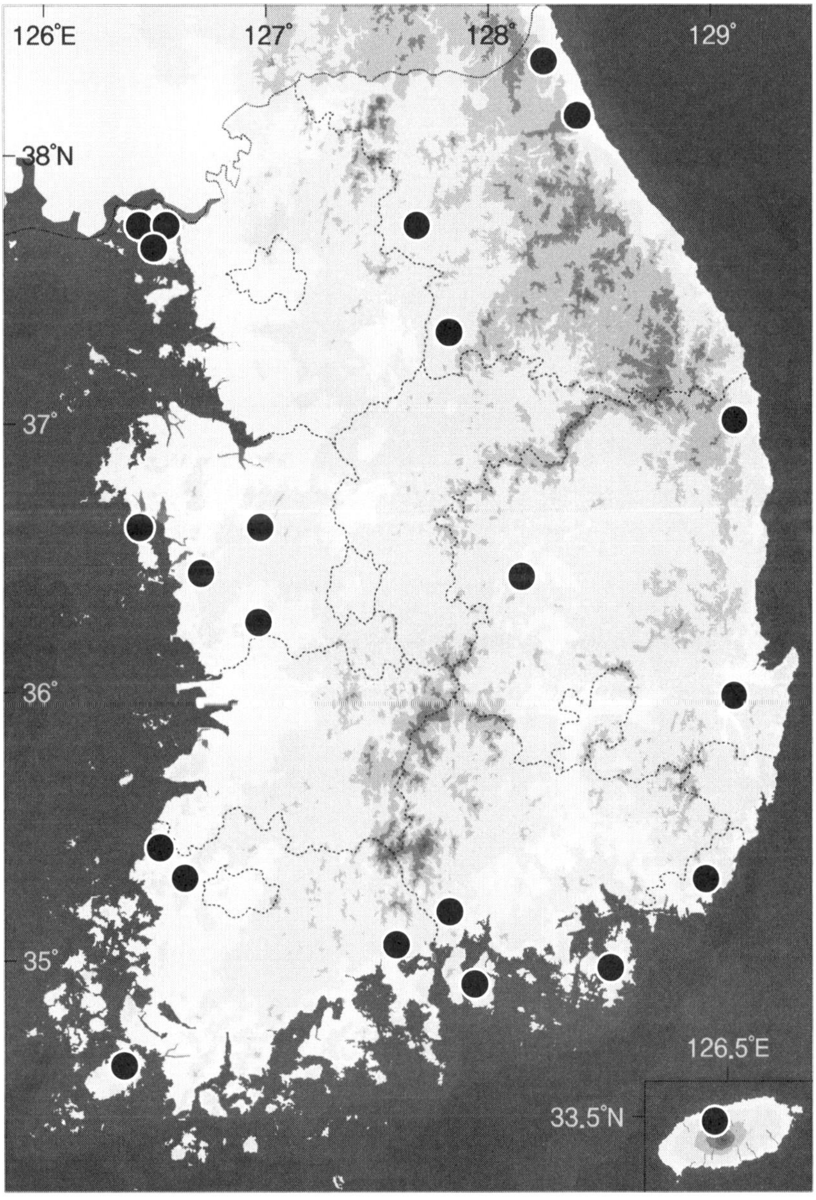

지도 15 참개구리의 분포(● 채집지).

Plate 16

금개구리 *Rana plancyi chosenica* Okada, 1931

1. **영명:** Korean Golden Frog
2. **분포:** 한국
   본 종은 제주도를 포함한 남한의 서부지역에 출현하는 것이 보고된바 있다(梁과柳, 1978), 그러나 최근에는 인천시와 경기도, 충청남도 지역에서만 확인되고 전라도 지역과 제주도에서는 그 서식이 확인되지 않는 등 급격한 감소 추세에 있다.
   ※ 채집지점(지도 16)
   · 인천광역시: 강화군 교동면 월선리(교동도), 강화군 하점면 다운리(강화도)
   · 경기도: 평택시 오성면 숙성리
   · 충청남도: 논산군 연무읍 안심6동, 충남 서천군 서천읍
3. **형태적 특징:** 등면의 반문은 일반적으로 참개구리에 비하여 밝은 연녹색이며 등면에는 중앙선이 없고 양쪽 등옆에만 2개의 굵고 뚜렷한 금색의 융기선을 가지고 있어 참개구리와 구별된다.
4. **암수구별:** 수컷은 번식시기에 첫 번째 발가락에 육괴가 나타난다.
5. **유생:** 양 눈은 등면에 있으며 꼬리에 뚜렷한 황금줄이 존재하는 것이 가장 큰 특징이다.
6. **생태:** 참개구리와는 번식시기에 차이가 있어 5월 중순경부터 출현하여 산란을 시작하며 6월 중순경에 절정을 이룬다(Yang et al., 1988). 산란은 저지대 평야에 있는 농지주변 웅덩이에 제한된다.
7. **분류:** 본 종은 참개구리와 형태 및 서식환경이 비슷하여 참개구리의 아종으로 취급되어 오다가(Okada, 1931), 등 면 융기선의 뚜렷한 차이로 Shannon(1956)에 의해 별종으로 기재되었으며, 그 후 두 종은 형태, 유전자, 구애음성 및 번식시기 등에 뚜렷한 차이가 있는 별종임이 재확인되었다(Yang et al., 1988).

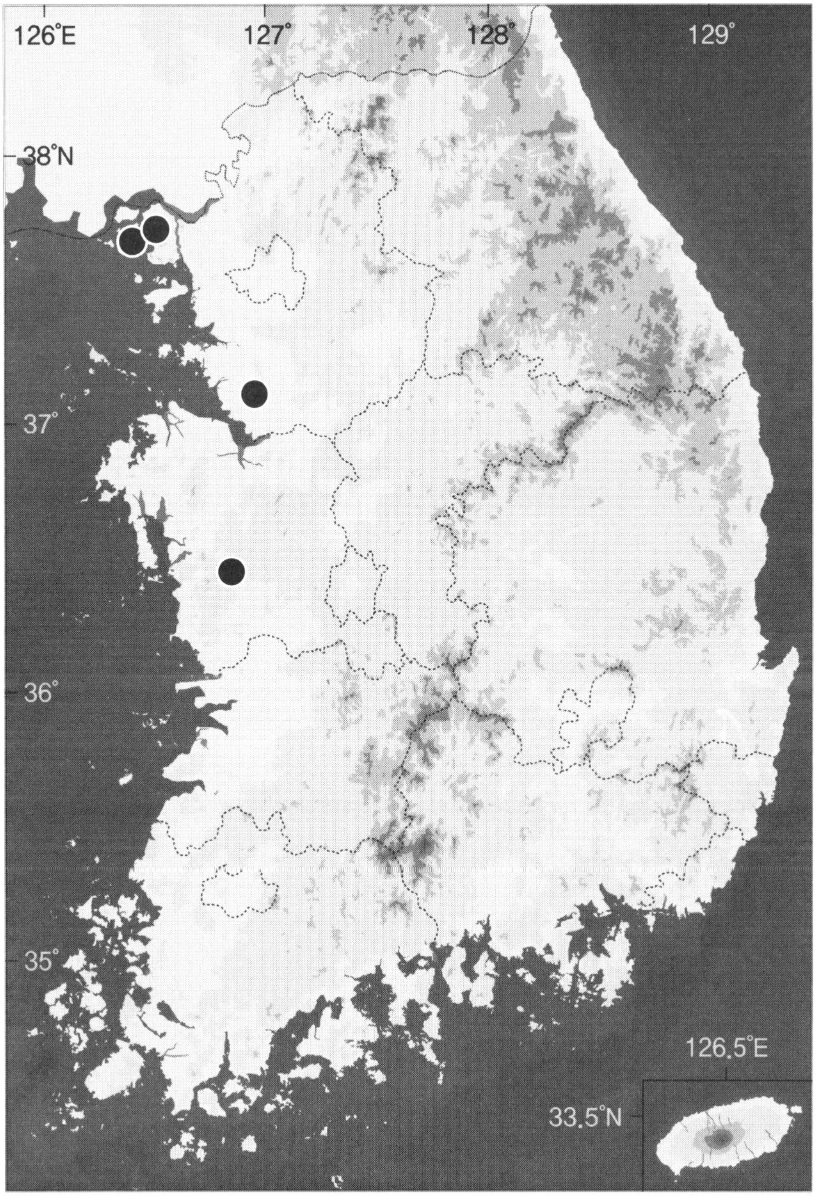

지도 16 금개구리의 분포(● 채집지).

Plate 17

옴개구리 *Rana rugosa* Temminck and Schlegel, 1938.

1. **영명:** Wrinkled Frog
2. **분포:** 한국, 일본, 러시아(우수리지역), 중국 동북부
   한국에서 본 종은 제주도를 포함한 전국의 하천에 널리 서식한다.
   ※ 채집지점(지도 17)
   · 경기도: 가평군 가평읍
   · 강원도: 양양군 현북면, 정선군 북평면, 고성군 죽왕면, 원주시, 동해시 삼화동, 동해시 옥계면, 삼척군 근덕면, 강릉시 왕산면
   · 충청남도: 천안군 송악면, 논산군 양촌면
   · 전라북도: 정읍시 내장동, 무주군 안성면
   · 전라남도: 장흥군, 장성군 북하면, 광주시, 해남군 삼산면, 진도군 고군면
   · 경상북도: 포항시 신광면, 영천시 청동면, 경주시 양북면, 울진군 온정면, 영덕군 축산면, 영덕군 영덕읍 화수리, 청송군, 상주군
   · 경상남도: 남해군 삼동면, 울주군 범서면
3. **형태적 특징:** 몸의 표면 전체에 작은 돌기들이 산재하며, 흑갈색 또는 회색 바탕의 등 면에는 이 돌기들과 함께 짧은 융기선들이 뚜렷해 국내산 개구리속의 타 종들과 잘 구별된다.
4. **암수구별:** 수컷은 목 안쪽에 울음주머니를 가지며, 앞 발가락에 뚜렷한 회색의 육괴가 있다.
5. **유생:** 양 눈은 등면에 있고, 몸통, 꼬리, 지느러미 전체에 얼룩덜룩한 무늬가 산재해 있는점이 가장 큰 특징이다. 치식은 1/3[1] 형태이다.
6. **알집:** 알덩이는 불규칙한 작은 덩어리를 이루며 30-60개의 알을 포함한다(강 과 윤, 1975).
7. **생태:** 1년내내 맑은 하천주변에 서식하며, 4월말부터 5월말까지 물흐름이 약한 웅덩이 내에 있는 작은 수초의 줄기나 뿌리 등에서 비교적 작은 알덩어리가 붙어 있는 것이 관찰된다.
8. **분류:** 본 종의 원기재 지역이 포함되는 일본집단들의 경우에 유전적 구성이 서로 다른 4종류의 성 염색체 group들이 확인된 바 있어(Nishioka et al., 1994)한국과 일본에 있는 이들 유전적 group들의 직접 비교분석을 통한 분류학적 검토가 요구된다(양 등, 2001).

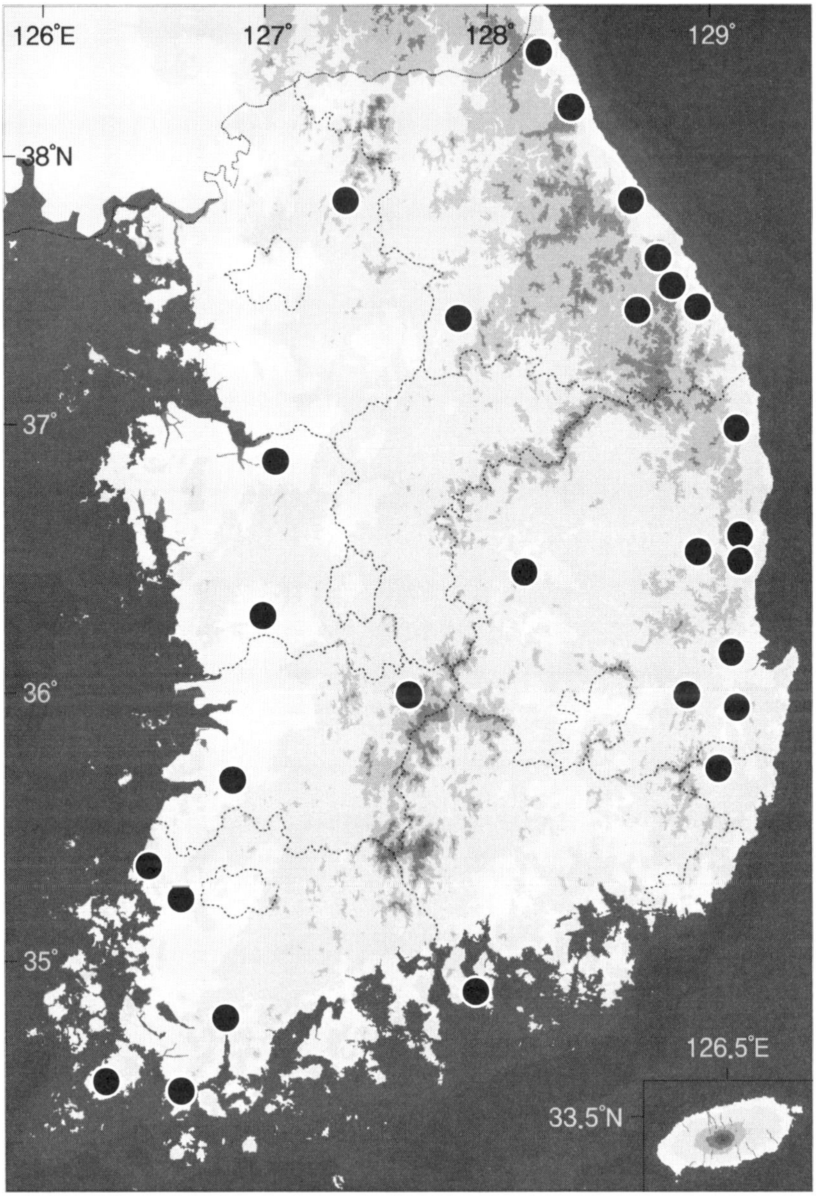

지도 17 옴개구리의 분포(● 채집지).

Plate 18

황소개구리 *Rana catesbeiana* Shaw, 1802. [외래종]

1. **영명:** American Bullfrog
2. **분포:** 미국, 멕시코

   국내의 경우, 본 종은 본래 식용목적으로 일본으로부터 양식을 위해 도입되었다(Kim, 1972). 종전까지는 산악지역인 강원도와 전라북도 동북부 일부 지역 및 제주도를 제외한 전국의 하천 및 저수지 등에 널리 분포한다고 보고된바 있으나(Kang and Youn, 1994), 최근에는 제주도에도 유입된 것이 확인되었다(양 등, 2001).

   ※ 채집지점(지도 18)

   · 충청북도: 청주시 상당구 방서동
   · 전라북도: 고창군 해리면 광승리
   · 전라남도: 무안군 망운면 양학리 평척저수지, 신안군 하의면 오림리 북포저수지, 나주시 남평읍 풍림리 풍림제
3. **형태적 특징:** 성체의 체장이 토종 개구리의 4-5배에 달하는 대형종으로 등면은 녹색, 암갈색 및 회색 등으로 채색변이가 심한 바탕색에 불규칙한 암녹색 또는 흑살색의 반문들이 산재해 있고 배면은 회백색 바탕에 암갈색 무늬가 산재해있다.
4. **암수구별:** 수컷은 목 아래쪽에 울음주머니, 입안 양쪽에 울음구멍(vocal opening)을 가져 저음의 황소울음소리를 낸다. 수컷은 고막은 원형으로 직경이 눈알크기인 암컷에 비하여 크고, 토종개구리들과 마찬가지로 수컷의 앞발가락에는 육괴가 있다.
5. **유생:** 성체와 마찬가지로 대형이며 양눈은 등면에 있고 꼬리엔 얼룩덜룩한 무늬가 있다. 치식은 3(2-3)/3[1] 형태 이다.
6. **알집:** 알집은 원형이며 지름 약 30㎝의 납작한 대형 알덩어리를 산란한다.
7. **생태:** 본 종은 동면에서 깨어난 후 먹이를 잡아먹고 영양을 보충한 후 5-6월경에 저수지나 깊은 웅덩이 주변에 산란한다. 산란된 알은 8-12개월의 올챙이 시기를 거쳐 생장한다(Kim, 1972).

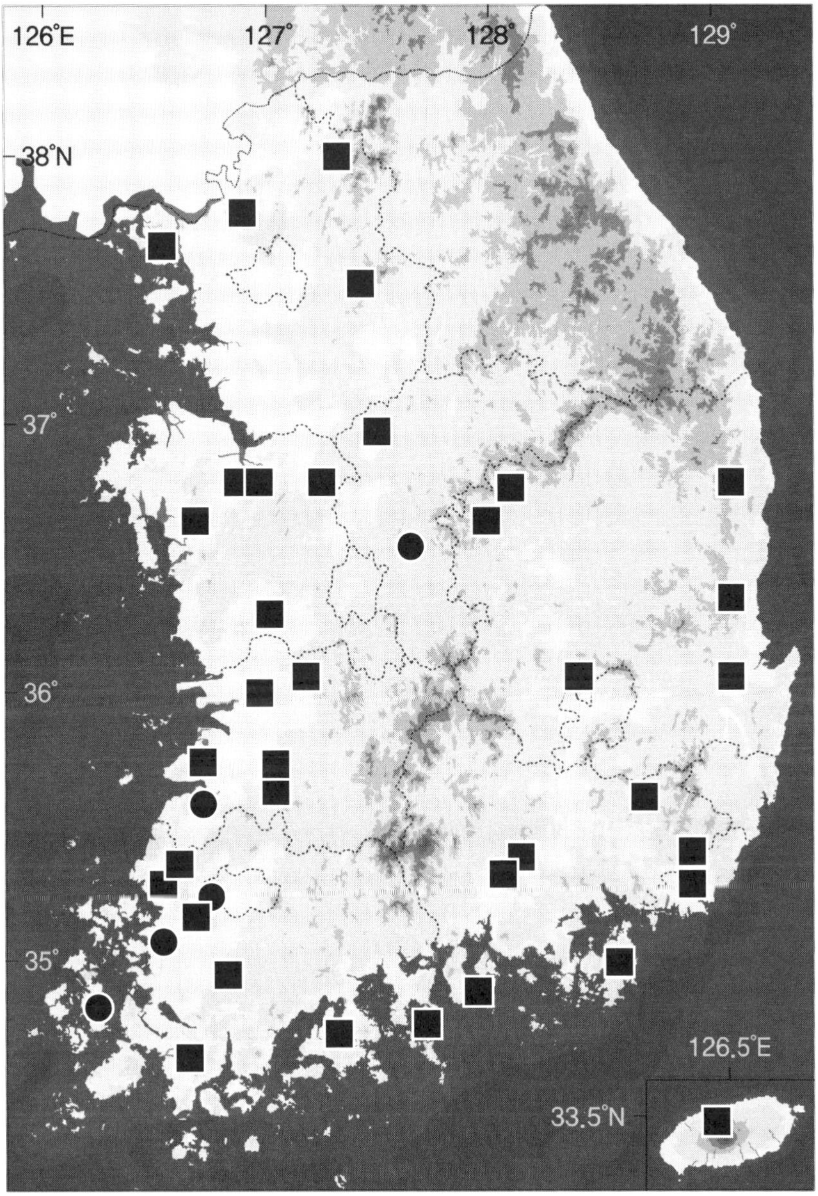

지도 18 황소개구리의 분포(● 채집지, ■ 참고문헌 인용).

4장

한국산 양서류의 생태

4.1 서식처

양서류를 가장 흔히 볼 수 있는 곳은 어떤 곳일까? 저지대의 습지 특히 논습지이다. 논은 양서류에게 있어서는 매우 훌륭한 번식지이며 서식지이다. 대부분의 한국산 양서류는 저지대 습지에서 만나 볼 수 있지만 모든 종을 만날 수 있는 것은 아니다. 종에 따라서는 산간 계곡에서만 서식, 산란하는 경우도 있기 때문이다. 한국산 양서류의 서식처 유형은 크게 3가지로 나누어 볼 수 있다. 저지대에만 서식하는 종, 저지대와 산지 모두에 서식하는 종, 산간 계곡에만 서식하는 종이다. 저지대형에는 고리도롱뇽, 맹꽁이, 청개구리, 수원청개구리, 한국산개구리, 참개구리, 금개구리, 황소개구리(특히 저수지에 많다)를 꼽을 수 있고 저지대와 산지 모두에서 볼 수 있는 종은 도롱뇽, 제주도롱뇽, 무당개구리, 두꺼비, 북방산개구리, 옴개구리가 있다. 반면에 산간 계곡에서만 만나 볼 수 있는 종은 꼬리치레도롱뇽, 이끼도롱뇽, 물두꺼비, 계곡산개구리 정도이다(표 4.1).

표 4.1 한국산 양서류의 서식 유형

서식유형	서식종
저지대	고리도롱뇽, 맹꽁이, 청개구리, 수원청개구리, 한국산개구리, 참개구리, 금개구리, 황소개구리
저지대와 산지	도롱뇽, 제주도롱뇽, 무당개구리, 두꺼비, 북방산개구리, 옴개구리
산간계곡	꼬리치레도롱뇽, 이끼도롱뇽, 물두꺼비, 계곡산개구리

4.2 번식시기

그렇다면 양서류를 가장 흔히 볼 수 있는 시기는 언제 일까? 그 또한 각 종마다 다르다. 번식시기가 서로 다르기 때문이다. 양서류를 가장 흔히 볼 수 있는 시기는 각 종의 번식시기의 밤이다. 한국산 양서류는 대부분 야행성이며 번식은 집단으로 모여서 하는 성향이 있기 때문이다. 온대지방의 양서류들은 봄철에 주로 산란하는 경향성을 보이는데(Goin et al., 1978), 한국산 양서류들도 봄이나 이른 여름에 주로 산란하는 종들로서 겨울잠에서 막 깨어난 이른 봄부터 초여름 중에 주로 산란을 한다. 번식시기는 각 종에 따라 조금씩 다르고 심지어 같은 종이라고 하더라도, 각 지역의 환경차이로 인해 산란이 조금 빨리 혹은 더디게 이루어지기도 한다. 한국산 양서류의 번식시기 유형은 번식시기의 피크를 기준으로 크게 몇 가지로 분류할 수 있다. 2월부터 3월사이에 번식 피크를 이루는 종은 도롱뇽, 제주도롱뇽, 고리도롱뇽, 두꺼비, 한국산개구리, 북방산개구리, 계곡산개구리이고 4월에 피크를 이루는 종은 물두꺼비와 무당개구리가 있다. 5월부터 7월 사이에 번식 피크를 이루는 종은 청개구리, 수원청개구리, 참개구리, 금개구리, 옴개구리가 있다. 한편 맹꽁이는 장마철인 7월에 번식 피크를 이루며 꼬리치레도롱뇽은 6월부터 8월 사이에 번식 피크를 이루는 것으로 추정되고 있다. 한편, 이끼도롱뇽은 다른 미주도롱뇽과 종들처럼 난태생을 하는 것으로 추정되고 있으며 번식시기는 잘 알려져 있지 않다(표 4.2).

표 4.2 한국산 양서류의 번식피크

번식피크시기	번식종
2월-3월	도롱뇽, 제주도롱뇽, 고리도롱뇽, 두꺼비, 한국산개구리, 북방산개구리, 계곡산개구리
4월	물두꺼비, 무당개구리
5월-7월	청개구리, 수원청개구리, 참개구리, 금개구리, 옴개구리, 황소개구리
7월 장마시기	맹꽁이
6월-8월	꼬리치레도롱뇽

4.3 성적이형현상

양서류 수컷은 번식기 중에 청각, 후각 시각적 요소를 이용하여 암컷을 산란 장소로 유인하고 포접과 수정을 돕기 위해 몸체의 크기, 분비선 발달, 울음주머니, 체색, 피부 질감의 변화 등의 2차 성징 발현을 통해 암컷과 형태적인 차이를 보이는데 이러한 현상을 성적이형현상(sexual dimorphism) 이라고 한다. 개구리류는 일반적으로 수컷은 암컷에 비하여 몸체의 크기가 작다. 양서류 수컷의 앞다리는 암컷에 비하여 두껍고 개구리과와 두꺼비과 종들의 앞다리 첫 번째 발가락에는 육괴(nuptial pad)가 발달하여 포접시 암컷을 붙들기에 적합하게 변형 진화된 것으로 생각된다. 맹꽁이는 몸체의 크기나 육괴 발달여부로 암수를 구별할 수 없는 대신에 목과 주둥이 아래 울음주머니 부위의 피부가 늘어져 있으며 거뭇한 반점이 나타나는 것을 수컷으로 구분할 수 있다. 꼬리치레도롱뇽은 번식시기때 수컷의 꼬리 끝과 뒷발은 넓어지며 뒷발의 발바닥에는 검정색의 거친 돌기들이 생긴다. 그 밖에도 개구리류의 많은 종들은 울음주머니의 유무로 암 수를 구별할 수 있고 황소개구리는 수컷의 고막 지름이 암컷보다 훨씬 큰 특징이 있다. 맹꽁이 수컷들은 포접을 용이하게 하는 접착성의 물질을 복부에서 분비하고, 두꺼비 속의 종들은 번식기 중에 피부 질감이 달라진다(Duellman and Trueb, 1986).

4.4 포접형

개구리류의 경우 번식기가 되면 수컷들은 암컷을 부르기 위해 울다가 암컷이 접근하면 울음을 그치고 암컷의 등에 올라탄 후 앞발로 힘있게 감싸안아 포접한다. 한국산 개구리류의 수컷이 암컷을 포접하는 자세로는 액포형, 흉포형, 요포형의 3가지가 있다. 액포형은 암컷의 앞다리 바로 뒤쪽을 껴안고 포접하는 형태로 참개구리, 한국산개구리, 북방산개구리, 계곡산개구리, 옴개구리, 두꺼비, 맹꽁이 등 대부분의 종이 이 형에 속하고, 흉포형은 옆구리와 허리 중간에 해당하는 가슴부위를 포옹하는 형태로 청개구리의 포접자세이다. 요포형은 암컷의 뒷다리 바로 앞쪽을 끌어안은 자세로 무당개구리가 이에 속한다.

4.5 구애행동과 구애음성

도롱뇽류와 개구리류의 구애행동은 모두 적극적인 수컷에 대해 암컷의 반응에 의해 결정되는데, 개구리류는 구애음성을 이용하여 암컷을 유인하고, 도롱뇽류는 울음소리를 내지 못하는 대신 조직적이고 체계있는 일련의 행동과정을 통해 구애의 승패가 좌우된다. 구애하는 도롱뇽 수컷은 상대방에게 접근, 후퇴하고 주둥이를 부딪히며 암컷을 인식하고(암컷인식단계), 냄새를 맡고, 턱을 비비거나, 옆구리를 찌르는 등의 행동을 통해 암컷을 유혹한다(암컷

유인단계). 유인에 성공한 수컷은 포접하고 뒷다리와 주둥이를 이용하여 암컷의 총배설강에서 알집을 분리하여 몸으로 감싸고 정자를 방출한 후 뒷다리로 휘저어 수정을 촉진시킨다(수정단계)(Park et al., 1996). 자연상태에서 관찰한 결과 한국산 도롱뇽은 한마리의 암컷에 여러 마리의 수컷이 수정에 참여하는 즉, 하나의 알집에 여러 마리 수컷의 정자가 관여되는 다중수정(multi-insemination) 현상을 보인다. 한편, 도롱뇽과 자매종인 제주도롱뇽, 고리도롱뇽이나 꼬리치레도롱뇽, 이끼도롱뇽 등에 대한 구애행동은 아직 자세히 밝혀진 바가 없다.

개구리류 종들의 암, 수컷은 모두 목 부위에 후두기관이 잘 발달되어 울음소리를 낼 수 있는데, 특히 울음주머니(vocal sac)가 별도로 있는 수컷은 잔뜩 부풀린 울음주머니의 공기를 울음구멍(vocal opening)을 통해 내보냄으로써 암컷보다 크고 기교있는 소리를 낼 수 있다. 그러나 두꺼비, 물두꺼비, 무당개구리, 한국산개구리, 계곡산개구리, 금개구리의 수컷은 울음주머니를 갖지 않고도 후두기관만을 이용하여 울음소리를 낸다(양 등, 2001). 수컷의 울음주머니는 해부학적 특성에 따라 크게 '외부형울음주머니'와 '내부형울음주머니'로 나뉘는데, 전자는 울음주머니가 가득 부풀었을 때 몸밖으로 크게 돌출되고, 후자는 그렇지 않은 것이 특징이다. 또한 울음주머니는 모양과 위치에 따라 턱아래 목부위에 1개의 울음주머니가 크게 발달하는 '중앙후두형'과, 1쌍의 모양으로 목 부위에서 돌출되는 '한쌍후두형', 그리고 양쪽 뺨에 한쌍으로 부풀어지는 '한쌍측면형'으로 나뉜다(그림 4.1)(Liu, 1935). 이 중 '한쌍후두형'은 국내 어떤 개구리 종에서도 나타나지 않는 유형이다(양 등, 2001). 한국산 개구리류의 종들 중 '외부형울음주머니'를 갖는 종들은 청개구리, 수원청개구리, 맹꽁이, 참개구리 등이며, '내부형울음주머니'를 갖는 종들은 북방산개구리, 옴개구리, 황소개구리이다. 울음주머니의 모양에 따라서는 청개구리, 수원청개구리, 맹꽁이, 옴개구리, 황소개구리는 '중앙후두형'으로, 북방산개구리와 참개구리는 '한쌍측면형'으로 분류된다(표 4.3). 따라서 청개구리, 수원청개구리, 맹꽁이의 울음주머니는 목부위에서 크게 돌출되는 '외부중앙후두형'이며, 옴개구리, 황소개구리는 중앙후두형이면서 내부형인 '내부중앙후두형'이다. 참개구리의 울음주머니는 양쪽뺨에 1쌍으로 크게 돌출되는 '외부한쌍측면형'이고 북방산개구리는 내부에서 부풀어지는 한쌍측면형, 즉 '내부한쌍측면형'이다(표 4.3, 그림 4.1). 한편, 울음구멍의 모양은 길게 찢어진 모양(slit-like) 이거나 원형이며 주둥이 양끝이나 혀밑에 위치하는 등 종에 따라 다르다(표 4.3).

울음소리의 종류로는 번식기에 동종의 암컷을 유인하기 위한 '구애음성(mating call)'과, 다른개체 혹은 종으로부터 자신의 영역을 지키고자하는 '영역방어음(territorial call)', 포접 중에 다른 수컷의 접근이나 방해를 받았을 때 내는 '경계음(release call)', 포식자에게 잡혔거나 심각한 위기에 몰렸을 때 암수가 모두내는 '고통음(distress call)' 등이 있다. 이 중 구애음성은 종인식을 위한 중요한 정보로서 암컷이 동종의 배우자를 선택하게 하는 결정적인 역할을 하여 종사이에 생길 수 있는 잡종형성을 막아주기 때문에(Ryan, 1980) 종 특이적으로 분화, 작용하여 유사종 사이의 분류형질로도 사용되고 있다(양 등, 2001). 그 예로 한국산 청개구리류는 Kuramoto(1980)가 청개구리와 수원청개구리를 구분하기 전까지 청개구리 한 종만이 서식하는 것으로 알려져 왔으나, 음성분석(sonogram)을 통해 울음소리를 분석한 결과 수원청개구리는 청개구리보다 우는 횟수가 적고 고음의 쇳소리를 내는 것을 확인하였으며, 유전자 분석 결과에서도 뚜렷한 차이를 보여 두 종이 별종임이 확인된바 있다(양 등, 2001).

표 4.3 한국산 무미류(개구리류)의 울음주머니와 울음구멍의 모양

종명	울음주머니	울음구멍
무당개구리	없음	없음
두꺼비	없음	없음
물두꺼비	없음	없음
청개구리	외부중앙후두형	1쌍의 길게 찢어진 모양
수원청개구리	외부중앙후두형	1쌍의 길게 찢어진 모양
맹꽁이	외부중앙후두형	1쌍의 길게 찢어진 모양
한국산개구리	없음	없음
북방산개구리	내부한쌍측면형	입 양 끝에 1쌍의 길게 찢어진 모양
계곡산개구리	없음	없음
참개구리	외부한쌍측면형	입 양 끝에 1쌍
금개구리	없음	없음
옴개구리	내부중앙후두형	1쌍
황소개구리	내부중앙후두형	입 양 끝에 1쌍

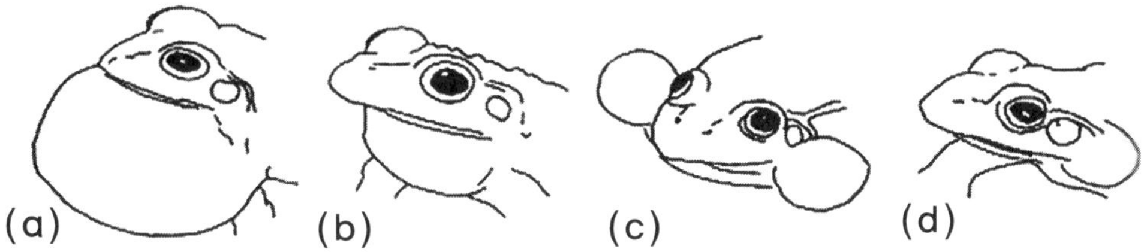

그림 4.1 한국산 개구리류 종들의 울음주머니 모양들. **(a)** 외부중앙후두형(청개구리, 수원청개구리, 맹꽁이), **(b)** 내부중앙후두형(옴개구리, 황소개구리), **(c)** 외부한쌍측면형(참개구리), **(d)** 내부한쌍측면형(북방산개구리). (그림출처: Matsui ,1996).

4.6 산란 장소와 알덩이

우리나라 양서류는 모두 물에 알을 낳는다(예외 이끼도롱뇽은 난태생). 그래서 양서류의 산란장소는 습지라고 얘기할 수 있으며 습지는 구체적으로 논고랑, 논웅덩이, 연못, 계곡, 계곡주변의 웅덩이, 저수지, 민가주변의 수로 등이 대표적이다. 이래 표는 각 종별로 산란처를 구체적으로 표시하여 보았다(표 4.4).

표 4.4 한국산 양서류 각종의 산란장소

종명	산란장소	종명	산란장소
도롱뇽	논고랑, 논웅덩이, 계곡 돌밑, 계곡주변의 웅덩이	맹꽁이	민가주변의 수로, 장마시 물이 고이는 초지
제주도롱뇽	계곡 돌밑	한국산개구리	논고랑, 논웅덩이
고리도롱뇽	논고랑, 논웅덩이, 민가주변의 수로	북방산개구리	논고랑, 논웅덩이, 계곡주변의 웅덩이
꼬리치레도롱뇽	계곡(지하수가 흐르는 땅속으로 추정됨), 지하동굴	계곡산개구리	계곡
무당개구리	논고랑, 계곡주변의 웅덩이	참개구리	논고랑, 논웅덩이, 논 (모내기철)
두꺼비	저수지 가장자리, 논웅덩이	금개구리	농수로, 논웅덩이, 논 주변 하천의 정수지, 연못
물두꺼비	계곡	옴개구리	계곡, 하천
청개구리	논 (모내기철)	황소개구리	저수지
수원청개구리	논 (모내기철)		

양서류 난자는 점성단백질, 점성당류 등의 물질로 구성된 3-4개의 층 구조로서 난자위에 얇은 한 층의 난황막과 점성있는 젤라틴막을 가지는데 막의 두께는 종에따라 다양하다. 도롱뇽류의 알덩이는 각각의 산란관에서 하나씩 나온 1쌍의 알집을 가지며, 개구리류의 알은 줄형태, 포도송이형태, 편편한모양, 비교적 편편하고 납작한 원형, 구형 등 다양한 모양새로 엉긴 알집을 형성하여 탈수와 포식자로부터 알을 보호한다(양 등, 2001). 도롱뇽, 제주도롱뇽, 고리도롱뇽은 1쌍의 알집의 한쪽 끝을 식물 줄기나 버려진 나뭇가지 또는 돌밑에 붙여 고정한다. 꼬리치레도롱뇽은 계곡의 지하수가 흐르는 땅속이나 지하동굴에 알을 낳기 때문에 찾아보기가 어렵다. 도롱뇽속 3종의 알집은 꼬리치레도롱뇽의 알집보다 크며 1쌍 2개의 알집이 포함하고 있는 알수도 약 100여개로 약 20여개인 꼬리치레도롱뇽 보다 많고 알 하나하나의 크기가 상대적으로 작다. 무당개구리, 청개구리, 수원청개구리와 옴개구리는 적은 수의 알을 식물의 줄기나 작은 가지 등에 듬성듬성 붙여 낳는다. 무당개구리의 경우 논에다 알을 낳을 경우 알 하나하나가 분리되어 땅위에 있는 경우도 있다. 무당개구리는 약 10-20개의 알을 조금 조금씩 물속에 잠긴 가지에 부착하여 알이 물위로 뜨지 않게 하는 반면, 청개구리와 수원청개구리는 약 10개 정도의 알을 식물 줄기에 부착시키고 알덩이가 수면위에 퍼지게 한다. 옴개구리는 약 30-60개의 알을 1가지에 붙여서 낳으며 알덩이의 모양은 규칙적이지 않은 형태로 물속에 잠긴 상태로 남아 있게 된다(양 등, 2001). 이 3종의 알 1개당 직경은 옴개구리가 0.8-1.0㎜로 제일 작고, 청개구리와 수원청개구리가 1.2-1.5㎜, 무당개구리가 1.5-2.0㎜로 가장 크다(양 등, 2001). 한국산개구리와 북방산개구리는 편편하고 납작한 원형의 알덩이를 물위에 띄워 낳는데 한국산개구리의 알덩이의 크기는 직경70-100㎜로 150-200㎜ 직경인 북방산개구리의 것보다 훨씬 작다. 한편 북방산개구리와 형태가 유사한 계곡산개구리는 산란장소와 산란습성 및 산란된 알의 모양에서 큰 차이를 보이는데 계곡산개구리는 북방산개구리보다 훨씬 작은 크기의 직경이 70-100㎜ 인 동그랗고 알 하나하나가 불거진 모양의 포도송이형 알덩이를 물흐름이 적고 얕은 산간지대의 계곡의 바위 가장자리나 돌에 붙여 낳는다. 계곡산개구리가 알덩이를 돌에 부착시키는 행위는 한국산 개구리류의 어떤 종에서도 나타나지 않는 독특한 산란습성으로서 물의 흐름이 있는 계류성 서식처에 대한 일종의 적응 방법인 것으로 사료된다. 두꺼비와 물두꺼비는 줄 형태(염주모양)의 긴 알집을 낳는 공통점이 있지만 두꺼비의 것은 물두꺼비에 비해 줄이 굵고 긴 것이 특징이다. 또한 두 종은 산란장소에 차이를 보여 두꺼비는 물이 많은 논이나 저수지 가장자리의 볏단이나 식물 밑둥에 알을 감아 쌓아놓은 형태의 산란탑을 형성하는데, 물두꺼비는 흐름이 잔잔한 계곡바닥의 돌에 알을 감는다. 참개구리, 황소개구리는 편편하고 납작한 원형의 알덩이를 낳는다. 맹꽁이는 물위에 한층으로 퍼진 납작하고 편편한 모양의 알덩이를 낳는데 이 알덩이는 시간이 지남에 따라 한알 한알 흩어진다. 약 600-800개의 알을 산란한다. 한국산 양서류의 1개의 알집에서 관찰되는 알의 개수는 10-20개의 알을 낳는 무당개구리로부터 6000-40,000개의 알을 낳는 황소개구리까지 큰 차이를 보인다. 위에 언급한 한국산 양서류 전 종의 산란된 알의 특성과 산란습성을 정리해 보면 그림 4.2와 같다.

도롱뇽	① pool, pond ② 120–140㎜(length), 12–15㎜(depth) ③ 2.0–2.5㎜ ④ 100ea 	수원청개구리	① rice field, ponds, small pool ③ 1.2–1.5㎜ ④ about 10ea 
제주도롱뇽	① pool, pond ② 120–140㎜(length), 12–15㎜(depth) ③ 2.0–2.5㎜ ④ 100ea 	맹꽁이	① ponds, small pool ④ 600–800ea 
고리도롱뇽	① pool, pond ② 120–140㎜(length), 12–15㎜(depth) ③ 2.0–2.5㎜ ④ 100ea 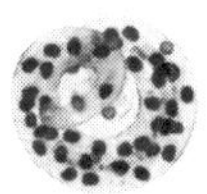	한국산개구리	① still water in rice field ② 70–100㎜ 
꼬리치레 도롱뇽	① still water near mountain stream ③ 4.0–5.0㎜ 	북방산개구리	① still water in rice field, small pools ② 150–200㎜ ③ 2.0–2.2㎜ 
무당개구리	① pool, pond ③ 1.5–2.0㎜ ④ 10–20ea 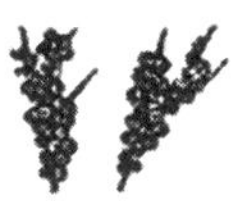	계곡산개구리	① still water in mountain strean ② 70–100㎜ 
두꺼비	① reservior, pond, small pool 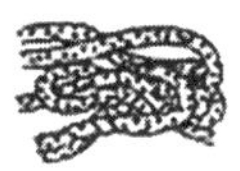	참개구리	① still water in rice field, small pools and ponds ③ 1.4–2.0㎜ ④ 1,800–3,000ea 

그림 4.2 한국산 양서류 각 종의 산란처, 알집의 모양과 크기, 알집당 알의 수와 직경. (그림출처: 양 등, 2001. 한국의 양서류) (다음페이지 계속)

물두꺼비	① mountain stream ③ 3.0–4.0㎜ 	금개구리	① still water in rice field, small pools 
청개구리	① rice field, ponds, small pool ③ 1.2–1.5㎜ ④ about 10ea 	옴개구리	① pond, small pools, rice field ③ 0.8–1.0㎜ ④ 30–60ea 
황소개구리	① pools, reservoir, marsh, rice field ② about 300㎜ ③ 1.2–1.5㎜ ④ 6000–40,000ea 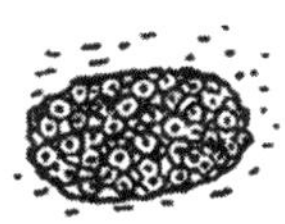		① 번식처 ② 알집직경 ③ 알 직경 ④ 알 집당 알의 수

그림 4.2 (계속) 한국산 양서류 각 종의 산란처, 알집의 모양과 크기, 알집당 알의 수와 직경. (그림출처: 양 등, 2001. 한국의 양서류)

4.7 먹이 생태

양서류는 활동, 성장, 번식에 필요한 에너지를 얻기 위해 먹이를 선택하고, 먹이의 위치를 파악하며, 잡고, 소화를 시키는 전 과정의 먹이 전략을 구사하며, 특정 먹이에 대한 선호도를 보이기도 한다(Duellman and Trueb, 1986). 먹이 전략에서 변수가 되는 것은 계절에 따른 먹이의 풍부도, 경쟁자의 유무 등을 들 수 있으며, 종 내에서도 서식처에 따른 먹이 종류와 풍부도가 집단마다 다르기 때문에 먹이 자원의 이용과 선택 방법에서 차이를 보인다. 성장과정 중의 유생은 치아가 발달하고 몸체의 크기가 커짐에 따라 초식성에서 동물성플랑크톤, 작은 무척추동물의 섭취로 변화하며, 양서류 성체는 육식성으로서 대개 곤충과 그 외의 무척추동물을 섭취한다(Duellman and Trueb, 1986; Zug, 1993). 주로 성체를 대상으로 한 한국산 양서류 각종의 먹이자원에 관한 연구에서 도롱뇽은 거미류, 날도래류, 파리류, 딱정벌레류, 벌류, 나비류 등의 곤충과 곤충류외의 지렁이류와 같은 먹이에 대한 포식이 꼬리치레도롱뇽보다 높고 육상에서 기어다니는 종류의 먹이를 선호하며 성체가 된 후에는 동종을 포식하기도 한다(Yoon et al., 1996b). 꼬리치레도롱뇽은 지렁이류, 거미류, 날도래류, 파리류, 강도래류, 딱정벌레류, 하루살이류, 벌류, 이류, 잠자리류, 명주잠자리류 및 노린재류를 섭식하는 것으로 밝혀졌으며, 도롱뇽보다는 수중 포획한 먹이를 많이 이용하여 먹이자원의 범위가 더 다양하다(Yoon et al.,

1996b). 무당개구리는 벌류, 나비류, 딱정벌레류, 매미충류, 파리류 등의 육상 곤충류를 주로 포식하나, 수서곤충류도 먹이자원으로 이용하며(양 등, 2001), 청개구리는 거미, 쌍시류, 막시류, 초시류, 인시류의 유생 등을 잡아먹는 것으로 보고되었다(Maeda and Matsui, 1990). 참개구리는 비교적 비행성이 떨어지고 풀숲에서 흔히 발견되는 거미류, 딱정벌레류, 복족류, 말벌류, 날도래류 등의 곤충을 포식하나 금개구리는 참개구리의 먹이보다는 활동성이 강한 파리류, 벌류, 땅강아지류, 거미류 등을 선호한다(Yoon et al., 1998). 옴개구리는 거미, 곤충, 특히 개미 등을 포식하며(Maeda and Matsui, 1990), 황소개구리는 유생기때 주로 식물성플랑크톤과 수생식물을 먹고(Kang and Youn, 1994), 성체가 되면 가재, 붕어, 미꾸라지, 곤충류, 지렁이, 달팽이, 게, 새우, 지네, 노래기 등 움직이는 소형 동물뿐만 아니라 양서류, 파충류 등을 잡아 먹는다(Kim, 1972; Kang and Youn, 1994).

5장

한국산 양서류의 보전 및 복원

양서류는 진화사상 최초로 물로부터 육상에 진출한 동물군이기 때문에 물과는 뗄 수 없는 관계에 있다. 양서류가 산란한 알은 단단한 껍질로 덮여진 것이 아니고 투명하고 연한 젤라틴(우무질)막에 쌓여서 물속에 직접 방출되기 때문에 물속에 녹아 있는 산성비나 농약 찌꺼기로부터 무방비 상태에 있다. 발생된 물속의 올챙이는 물론이고, 변태를 통해 성체가 되어 육상에 진출한 후에도 얇은 피부를 통해 피부호흡을 하기 때문에 농약이나 대기오염으로부터 직접 영향을 받는다. 그래서 우리 인간의 입장에서 보면 양서류는 수질과 대기오염의 지표로서 매우 유용하다. 한편 생태계의 먹이사슬 측면에서도 양서류는 대단히 중요한 위치에 있다. 올챙이 시기에는 주로 식물을 먹고, 변태 후에는 완전한 육식성이 되는 양서류는 동식물 양쪽 모두와 관계되어 있다. 포식자로서의 중요성은 농림업에 유해한 곤충을 잡아먹는데 있고, 피식자로서는 뱀, 솔개, 수달 등 파충류, 조류, 포유류의 먹이가 되고 있다. 생태계의 먹이사슬 측면에서 매우 복잡하게 생태계의 영향을 받기도하고 한편으로는 그 생태계에 큰 영향을 주고 있기도 해서 양서류의 서식상황은 그 생태계의 건강상태를 충실히 반영한다고 할 수 있다. 이러한 양서류의 특성은 환경생태의 전체적인 지표로서도 커다란 역할을 하는 존재임을 의미한다.

최근에는 주변에서 개구리의 소리를 듣기가 쉽지 않다. 이는 비단 우리나라만의 특수한 상황이 아니다. 전 세계적으로 개구리의 수는 감소하고 있어서, 매우 아름다운 색깔을 가진 코스타리카의 오렌지두꺼비(*Bufo periglenes*)나 호주의 파파청개구리(*Litoria piperata*)처럼 멸종위기에 처해 있거나 이미 멸종되어 지구에서 사라진 경우도 있다. 우리나라의 경우에는 서식하던 종이 완전히 절멸해버린 예는 아직 없지만 개체군 수준에서 볼 때 양서류의 감소와 절멸은 확실하게 각지에서 일어나고 있다. 수원청개구리(*Hyla suweonensis*)는 그 이름에서도 알 수 있듯이 수원지역에서 처음 발견된 우리나라 고유종이다. 한국을 비롯해 일본, 러시아, 몽고, 중국 등지에서도 서식하는 일반 청개구리(*Hyla japonica*)와는 울음소리와 유전자가 다른 희귀종으로, 학술적으로도 매우 중요한 가치가 있다. 10년 전만 하더라도 수원시 농촌진흥청 주변에서는 청개구리와 함께 수원청개구리의 노랫소리를 듣고 연구를 위해 녹음도 했었으나 지금은 이 지역에서 수원청개구리의 소리가 사라졌다. 20년전 광주 무등산 근처 농지에는 등면에 2개의 금줄이 선명한 금개구리(*Rana plancyi chosenica*)가 살았으며 금개구리와 참개구리간의 잡종개체가 보고되기도 하였으나 최근에는 무등산 근처 어디에서도 금개구리를 볼 수가 없다. 농지에 농약이 사용되고 영농법의 변화에 따라 금개구리의 산란지인 논 웅덩이가 아예 사라진 결과다. 도로나 골프장, 스키장 개발로 산간계곡에 서식하는 종들의 서식지와 산란지가 사라지고 있는 현 상황에서 양서류의 감소와 절멸이 이루어지는 곳이 어디 이들 지역뿐이겠는가?

일찍부터 양서류가 지구 환경의 파괴정도를 빠르게 알려주는 동물이라는 것을 인식하고 주변 환경변화와 양서류의 동태를 잘 연구해 온 미국이나 유럽에서는 양서류의 감소와 멸종의 이유를 과학적으로 설명하고 있고 이는 다른 지역의 생태계 파괴 방지와 복원에 중요한 기초자료로 활용되고 있다. 양서류의 감소 원인은 개발의 필요성에 따라 양서류가 사랑을 나누고 알을 낳은 그 생식지가 파괴되는 것이 가장 큰 원인이지만, 그 외에도 산성비에 의한 수소이온 농도의 증가, 잔류 농약의 확산, 지구 온난화에 따른 강우 패턴의 변화를 포함해 인간에 의한 식품으로서의 소비, 황소개구리와 같은 외래도입종의 영향 및 산림벌채도 감소와 절멸의 원인이 되고 있다. 또한 최근에는 오존층 감소에 의한 자외선의 증가도 양서류 알의 정상적인 발생을 저해하는 중요한 원인이 된다는 보고들이 나오고 있다. 결국 세계는 양서류의 급격한 감소현상이나 비정상적인 개체의 출현을 통해 지구 환경문제의 심각성을 공감하고 있는 것이다.

3월경이면 산간의 계곡이나 농지의 물웅덩이에서 번식하며 '뾰로로로롱'하는 아름다운 휘파람소리로 봄을 선사하는 북방산개구리(*Rana dybowskii*)를 만나 볼 수 있다. 긴 겨울잠을 통해 암컷은 다른 모든 신체활동은 멈춘 채 이 봄날의 번식을 위해 열심히 뱃속의 알덩이만을 성숙시킨다. 하지만 그 뱃속의 알들이 바깥세상에 나와 모두 올챙이가 되고 개구리가 되는 것은 아니다. 발생과정과 생장과정을 거치면서 10%미만이 개구리까지 살아남고 나머지는 다른 동물의 먹이 공급등의 역할을 한다. 그렇게 생태계는 먹고 먹히는 과정에서 균형을 이루며 돌아가는 것이다. 이런 우리 생태계에 천적이 없어 먹기만 하고 먹히지는 않는 황소개구리(*Rana catesbeiana*)의 도입이 저수지나 강 하구의 생태계 균형을 깨는 것은 자명할 수밖에 없는 일이었다. 다행히 최근 들어서는 황소개구리의 천적이 생기고 있고 환경부에는 생태계교란 야생종으로 지정해 퇴치에 노력하고 있어 그나마 황소개구리의 폭발적인 증가를 둔화시키고 있다고 하지만 전국 각지의 저수지나 강하구의 황소개구리의 점령은 지금도 여전하다. 다행히 북방산개구리와 계곡산개구리(*Rana huanrenensis*)

는 황소개구리의 침범이 없는 산지주변에 살며 동면도 산간계곡에서 한다. 하지만 그곳에는 황소개구리와 같은 역할을 하는 우리의 보신문화가 있다. 최근까지도 우리나라의 어느 마을에서는 봄날 마을 사람들이 모여 '용알'이라는 이름으로 도롱뇽 알을 생식했다. 고기가 귀해 동물성 단백질 섭취가 어렵던 시절에 행했던 관습이다. 사실 심각한 문제는 상업화에 있다. 얼음을 깨고 양수기를 동원해 계곡물을 퍼올리고 그 속에서 동면중인 산개구리류들을 한 마리라도 더 쓸어담으려고 하고 게다가 알을 가진 암컷이 더 인기가 있다는 사실이 중요한 싹쓸이꾼들에게 내고장 산개구리류들의 절멸이나 생태계의 파괴는 안중에 없다. 최근 약제로 밝혀진 살모사의 독을 얻으려면 그 살모사가 먹고사는 개구리가 있어야한다는 간단한 생태계 논리도 그들에게는 무의미할 뿐이다. 프랑스에서 개구리 뒷다리를 먹기 위해 그들은 자국의 개구리를 잡아서 식탁에 올릴까? 아니다, 지금은 전적으로 인도네시아나 방글라데시같은 외국에서 수입해서 쓴다. 상업화의 결과는 코끼리의 상아나 여우 목도리의 경우를 통해서도 우리는 이미 잘 알고 있다.

환경부는 현재 급격한 감소 추세에 있는 금개구리와 맹꽁이(*Kaloula borealis*)를 법적보호종(멸종위기종 2급)으로 지정해 보호하고 있으며, 보신문화에 의해 멸종가능성이 있는 개구리류들도 먹는자 처벌법등을 통해 법적으로 보호하고 있다. 산란지 파괴에 시달리며 불행히도 피부호흡을 한다는 특성 때문에 산성비, 잔류농약 등 지구환경의 오염을 고스란히 받아먹어야하고, 먹이사슬을 통해서도 분해가 되지 않고 옮겨 다니는 환경호르몬을 가진 작은 곤충들을 다식함으로써 많은 양의 환경호르몬을 몸속에 축적하여 암컷도 수컷도 아닌 간성이라는 기형의 개구리가 출현하고 있는 이 상황에 개구리는 물론이고 그러한 개구리를 먹고사는 다른 야생동물들이 보신용으로 이용되고 또 그들의 멸종을 우려하여 법적조치를 해야하는 이 현실이 참으로 안타깝다(김종범, 2004).

5.1 서식지 개발시 양서류 보전방법

1) 서식지 원형보전 방법을 1차적으로 강구한다.

2) 이동통로 설치 및 모니터링(터널형, 육교형, 선형)

(예) 원흥이 마을 두꺼비 이동통로(그림 5.1)

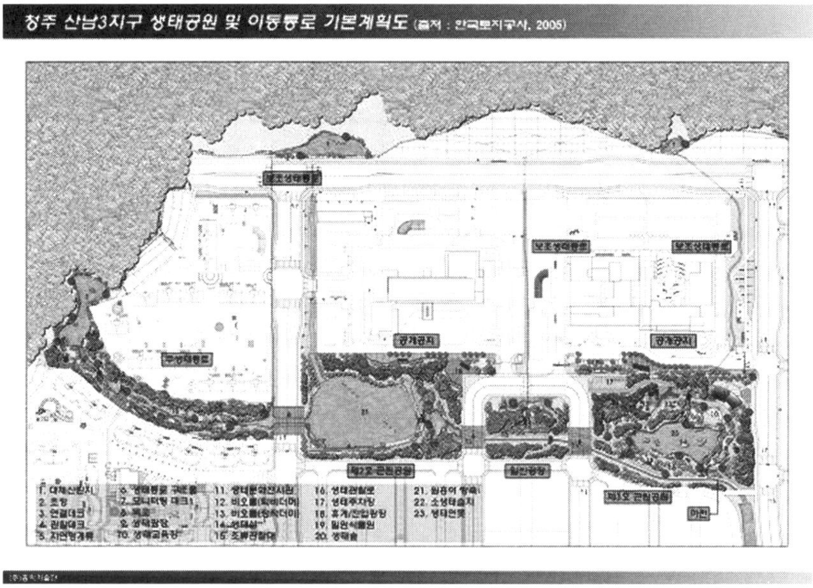

그림 5.1 원흥이마을 두꺼비 이동통로 조성 지도 (그림출처: 한국토지공사, 2005)

3) 대체서식지 조성 및 모니터링

양서류는 비교적 넓은 면적의 수환경과 그 주변에 습조지 등이 형성된 습시에서 서식하는 생물로서 대표적인 개구리류(Ranidae)는 파충류나 대형조류의 먹이원이다. 따라서 개구리류의 개체수 증가나 서식처 복원은 먹이사슬을 다양하게 만든다. 따라서 법적 보호종 여부를 떠나 개구리류의 보전은 매우 중요하다. 고속도로를 건설함에 따라 도로예정지에 서식, 산란하는 대부분의 양서류는 그들의 서식처 및 산란처를 동시에 잃게되는 셈이다. 특히 북방산개구리(*Rana dybowskii*)와 같이 월동지는 주로 산간 계곡이고 번식지는 주로 논 주변의 습지이어서 산지 주변에 도로가 생기는 경우는 월동지와 번식지간에 도로로 단절이 일어날 수 있으므로 더욱 치명적일 수 있다. 이러한 경우 북방산개구리의 경우는 산란을 위한 번식지를 도로를 건너지 않고도 번식지로 이동할 수 있도록 월동지에 최대한 가까이 새로운 번식지(습지)를 마련해 주는 것이 필요하다. 즉, 도로를 건너기 전의 월동지 부근에 대체서식지를 마련해 주는 것이 필요하다(그림 5.2 참조). 이러한 대체 서식지는 두꺼비, 도롱뇽, 한국산개구리등 다른 양서류들의 산란처 역할도 할 수 있으므로 양서류의 봄철 산란종들의 중요한 보전 수단이 될 수 있다.

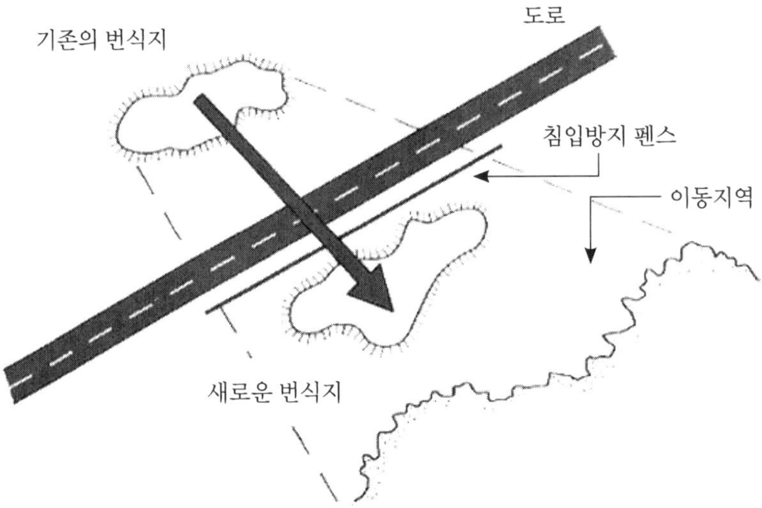

그림 5.2 양서류의 경우 도로로 인해 단절된 번식지를 대체할 새로운 번식지를 조성한 사례 (그림출처: 생태복원연구회, 2006)

참고문헌

Boulenger G. A., 1887. Description of a new tailed batrachian from Korea. Ann. Mag. Nat. Hist., London, ser. 5, 19: 67.

Duellman W. E., Trueb L., 1986. Biology of Amphibians. McGraw-Hill, New York, 670p.

Goin C. J., Goin O. B., Zug G. R., 1978. Introduction to Herpetology(3rd, ed.) W. H. Freeman and Company, San Francisco, 378p.

Kang E. J., Youn C. H., 1994. The settlement and distribution of the introduced bullfrog, *Rana catesbeiana* Shaw in Korea. Bulletin of the Korean Association for Conservation of Nature 13: 231-250.

강영선, 윤일병, 1975. 한국동식물도감 제17권 동물편(양서.파충류). 문교부

Kim H. K., 1971. Studies on the classification and distribution of Salientia of Korea. J. Korean Res. Inst. for Better Living, Ehwa Womans Univ. 6: 211-233.

Kim H. K., 1972. Biology of the bullfrog(*Rana catesbeiana*). J. Korean Res. Inst. for Better Living. Ehwa Womans Univ. 8: 67-92.

김종범, 2004. 봄 개구리의 휘파람 소리. NEXT 2004, 03: 118-121.

김종범, 2009. 한국산 양서류의 분류목록과 분포상. 한국양서파충류학회지 1(1): 1-13.

Kim J. B., Min M. S., Matsui M., 2003. A new species of lentic breeding Korean salamander of the genus *Hynobius*(Amphibia, Urodela). Zoological Science 20: 1163-1169.

Kim J. B., Matsui M., Nishikawa K., 2007. Genetic relationships among salamander of the genus *Hynobius*(Amphibia, Caudata) from Korea and Southwestern Japan. Zoological Science 24: 1128-1133.

Kuramoto M., 1980. Mating call of tree frogs(genus *Hyla*) in the far East, with description of a new species from Korea. Copeia 1980: 100-108.

Lee J. E., Yang D. E., Kim Y. R., Lee H., Lee H. I., Yang S. Y. and Lee H. Y., 1999. Genetic relationships of Korean tree frogs(Amphibia: Hylidae) based on mitochondrial cytochrome b and 12S rRNA genes. Korean J. Biol. Sci. 3: 295-301.

Liu C. C., 1935. Types of vocal sac in the Salientia. Proc. Boston Soc. Nat. Hist. 41: 19-40.

Maeda N., Matsui M., 1990. Frogs and Toads of Japan. Bun-Ichi Sogo Shuppan Co. Japan, 207p.

Matsui M., Tanaka-Ueno T., Paik N. K., Yang S. Y., and Takenaka O., 1998. Phylogenetic relationships among local populations of *Rana dybowskii* assessed by mitochondrial cytochrome b gene sequences. Japanese J. Herpetol. 17: 145-151.

Min M. S., Yang S. Y., Bonett R. M., Vieites D. R., Brandon R. A. Wake D. B., 2005. Discovery of the first Asian plethodontid salamander. Nature 435: 87-90.

Mori T., 1928. On a new *Hynobius* from Quelpaert Island. J. Chosen Nat. Hist. 6: 53.

Nishioka M., Hanada H., Miura I., Ryuzaki M., 1994. Four kinds of sex chromosome in *Rana rugosa*. Sci Rep. Lab. Amphibian Biol. Hiroshima Univ. 13: 1-34.

Okada, Y., 1931. The tailness Batrachians of the Japanese empire. Imp. Agr. Exp. Stat. Tokyo, 215p.

박대식(역), 2006. 아시아의 꼬리치레도롱뇽. 한국학술정보(주).

Park D. S., Cheong S. W., Sung H. C., 2006. Morphological characterization and classification of anuran tadpoles in Korea. J. Ecol. Field Biol. 29: 425-432.

Park S. R., Park D. S., Yang S. Y., 1996. Courtship, fighting behaviors and sexual dimorphism of the salamander, *Hynobius leechii*. Korean J. Zool. 39: 437–446.

백혜준, 이항, 민미숙, 2008. 한국산 도롱뇽속의 계통적 유연관계. 한국양서파충류 연구회 학술발표회집. p. 16.

Shannon F. A., 1956. The reptiles and amphibians of Korea. Herpetologica 12: 22–49.

Song J. Y., Matsui M., Chung K. H., Oh H. S., Zhao W., 2006. Distinct specific status of the Korean brown frog, *Rana amurensis coreana*(Amphibia: Ranidae). Zoological Science 23: 219–224.

서재화, 김종범, 민미숙, 석호영, 양서영., 1996. 무당개구리(*Bombina orientalis*) 골격형질의 지리적 변이. 인하대학교 기초과학연구소 논문집, 제17집, pp. 51–59.

어윤승, 김종범, 양서영, 손홍종, 1992. 한국산 도롱뇽(*Hynobius leechii*)의 지리적 변이에 관한 연구. 인하대학교 기초과학연구소 논문집, 제13집. pp. 63–69.

梁瑞榮, 柳在赫, 1978. 한국산 양서류의 분포 목록. 인하대학교 산업과학 기술연구소 논문집 5: 81–90.

Yang S. Y., 1962.Reconsideration on the classification of Korean anurans, Family Hylidae. Korean J. Zool. 5: 35–38.

Yang S. Y., Park B. S., 1988. Speciation of the two species of the genus *Hyla*(Anura) in Korea. Korean J. Zool. 31: 11–20.

Yang S. Y., Yu C. H., Park B. S., 1988. Natural hybridization and reproductive isolating mechanism between two species of *Rana nigromaculata and Rana plancyi*(Anura). Korean J. Zool. 31: 1–10.

Yang S. Y., Kim J. B., Min M. S., Suh J. H. and Suk H. Y., 1997a. Genetic and phenetic differentiation among three forms of Korean salamander *Hynobius leechii*. Korean J. Biol. Sci. 1: 247–257.

Yang S. Y., Min M. S., Kim J. B., Suh J. H., 1997b. Intra and interspecific diversity and speciation of two tree frogs in the genus *Hyla*. Korean J. Genetics 19: 59–69.

양서영, 민미숙, 김종범, 서재화, 1997. 한국산 무당개구리의 유전적 다양성. 한국유전학회지 19: 59–69.

양서영, 김종범, 민미숙, 서재화, 강영진, 2001. 한국의 양서류. 아카데미서적, 서울.

양서영, 민미숙, 김종범, 이종남, 송재영, 2004. 고리도롱뇽 서식실태 및 보전 방안 보고서. 한국수력원자력주식회사.

Yang S. Y., Suh J. H., Min M. S., Kang Y. J. and Kim J. B., 2000a. Genetic variation and divergency in two Korean *Bufo* species, *Bufo gagarizans and B. stejnegeri*(Anura, Bufonidae). Korean J. Genetics 22: 209–221.

Yang S. Y., Kim J. B., Min M. S., Suh J. H., and Kang Y. J., 2000b. Genetic diversity and population structure of *Kaloula borealis*(Anura, Microhylidae) in Korea. Korean J. Biol. Sci. 4: 39–44.

Yang S. Y., Kim J. B., Min M. S., Suh J. H., Kang Y. J., Matsui M., and Fei L., 2000c. First record of a brown frog *Rana huanrenensis*(Family Ranidae) from Korea. Korean J. Biol. Sci. 4: 45–50.

Yoon I. B., Kim J. I., Yang S. Y., 1998. Study on the food habits of *Rana nigromaculata* Hallowell and *Rana plancyi chosenica* Okada(Salientia: Ranidae) in Korea. Korean J. Environ. Biol. 16: 69–75.

Yoon I. B., Lee S. J., Yang S. Y., 1996. The study on prey resource and life history of *Hynobius leechii* Boulenger and *Onychodactylus fischeri* Boulenger(Amphibia: Salientia). Korean J. Environ. Biol. 14: 195–203.

Yoshikawa N., Matsui M., Nishikawa K. Kim J. B., Kryukov A., 2008. Phylogenetic relationships and biogeography of the Japanese clawed salamander, *Onychodactylus japonicus*(Amphibia: Caudata: Hynobiidae), and its congener inferred from the mitochondrial cytochrome b gene. Molecular Phylogenetics and Evolution 49: 249–259.

Zug G. R., 1993. Herpetology: An Introductory Biology of Amphibians and Reptiles. Academic Press, San Diego, 527p.

2부 한국의 파충류

6장

파충류의 기원 및 분류

6.1 파충류의 기원

양서류는 잘 발달된 다리 감각 및 호흡 시스템을 가졌으며, 육상에서 몸을 지탱하기 위한 두개골 뒷부분의 골격을 개조하였다. 그래서 어느 정도 육상을 차지할 수 있었다. 그러나 알는 난각이 없고, 유생은 아가미로 호흡하며, 이러한 이유에서 발생과정 중 물과 떼려야 뗄 수 없는 관계였다. 그러나 파충류, 조류 및 포유류가 속하는 계통은 물이 아닌 육상에서 알을 낳을 수 있다. 난각을 가진 알은 물속 또는 아주 습기찬 육상환경이 더 이상 필요없게 되므로서 초기 파충류가 수서 환경에서 벗어날 수 있었다. 따라서 난각을 가진 알은 아마도 가장 중요한 진화적 사건 이라고 볼 수 있을 것이다. 알이 완전히 발생할 수 있는 외막을 가짐으로서 물에서 스스로 재현한다. 알을 싸고 있는 외막 중 하나인 양막은 액체로 채워진 공간으로, 이 속에서 알이 발생한다. 다른 막주머니인 요막은 호흡 표면뿐 아니라 질소노폐물을 저장하는 장소가 된다. 이들 두 막을 둘러싸는 세 번째 막은 장막인데, 이 막을 통해서 산소와 이산화탄소가 장애없이 교환된다. 마지막으로 이 모든 것을 둘러싸고 보호하는 다공성이며, 양피지와 같이 얇은 난각을 가진다.

이렇게 물에서 번식해야 하는 굴레를 벗어나므로서 척추동물들은 빠르게 육상으로 이동할 수 있게 되었다. 이러한 번식 패턴을 개발한 고생대 사지류는 양막류라 불리는 1개의 단계통 그룹의 선조들이었다. 양막류란 이름은 3개의 난 외막중 가장 안쪽에 있는 막인 양막에서 유래하였다. 고생대가 종결되기 전 양막류는 다수의 계통으로 방산하였으며, 파충류, 조류 및 포유류 전부를 탄생시켰다.

파충류(爬蟲, class Ruptilia, L, repto, to creep)는 뭍으로 진출한 진정한 육상동물로 대략 7,300 여종이 다양한 서식처를 점하고 있으며, 매우 풍부한 그룹 중 하나이다. 하지만 파충류는 지금 보다 과거에 더 많이 번성하였으며, 1억 8천만년 이상 지속된 "파충류의 시대"에 엄청난 적응 방산이 일어나 수많은 육상 및 수서 계통이 출현하였다. 이 가운데 하나가 초식성 및 육식성 공룡이며, 다수가 엄청난 몸집과 무시무시한 모습을 가졌고 육지를 지배하였다. 그 후, 중생대 말기에 대량으로 사라지기 시작하면서 쇠퇴하였다. 중생대 이후까지 남아있던 파충류 계통이 오늘까지 살아남았다. 이중 하나인 뉴질랜드의 옛도마뱀(Tuatara)은 한 그룹의 유일한 생존자로 알려져 있다. 그러나 다른 파충류, 특히 도마뱀과 뱀은 중생대 쇠퇴이후 다시 다양한 그룹으로 번성하게 되었다. 그러나 오랜 기간동안 파충류의 "수렴 및 평행 진화"가 진행되었고, 현재 부족한 화석기록에 의하여 3억년이나 되는 파충류 역사를 전체적으로 파악하는데 많은 어려움을 격고 있다.

양막류(파충류, 포유류, 조류)는 고생대 후기에 발생한 단계통 그룹으로 대부분의 고생물학자들은 고생대 석탄기 초기에 양서류 모양을 한 사지류의 한 그룹에서 발생한 것으로 생각하고 있다.

6.2 파충류의 분류

양막류는 대략 3억년 전인 석탄기 후기의 3개의 계통으로 나누어 졌는데 이중 첫 번째인 무궁류의 두개골 구조는 안와(眼窩, 눈구멍, orbit) 뒤의 섭유개구(temporal opening)가 없는 것이 특징이다. 즉 안와 뒤의 두개골이 피하골(皮下骨, demal bone) 위로 완전하게 지붕을 형성하고 있으며 거북류가 이 그룹에 속하며, 약 2억년전 트라이아스기의 화석기록에 처음으로 출현한 이후에 거의 변함이 없는 것으로 알려져 있다.

두 번째, 단궁류는 포유류형 파충류로, 단궁류 두개골은 뺨(cheek) 아래 위치한 1쌍의 섭유개구를 가지며, 반원모양의 뼈(bony arch)와 접하고 있나. 단궁류는 처음 출현한 양막류로, 초기에 Phlycosaur가 발생하고, 나중에 Therapsid, 그리고 마지막으로 포유류가 되었다.

세 번째, 광궁류의 두개골은 2개의 섭유개구를 가진다. 즉 1쌍은 단궁류와 같이 뺨 아래 위치한 1쌍과 두 번째 쌍은 아래에 위치한 쌍 위에 위치하며, 반원모양의 뼈로 분리되어 있다.

1) 무궁류(Subclass Anapsida)

거북목(Testudines, L. testudo, tortoise) (거북목, Chelonia); 몸을 등껍질과 배껍질 안으로 넣을 수 있다. 이빨대신 단단한 부리(beak)로 된 턱을 가진다. 척추와 갈비뼈는 융합되어 위를 덮는 등껍질이 된다. 혀는 늘릴 수가 없다. 목은 보통 집에 넣을 수 있다. 대략 330종이 있다.

거북류는 무궁류에 해당하는 계통으로 페름기 후기에 진화한 것으로 알려졌다. 하지만 트라이아스 전기(약 2억년 전) 이전의 화석기록이 전혀 없으며 그 이후에 발견된 화석 자료로 볼 때 현재까지 형태적 변화가 거의 없는 것으로 알려져 있다.

현대 거북류는 약 285종 이상이며, 이들은 열대지역에서 추운 냉대지역까지 서식하는 것으로 알려져 있으며, 생태적으로나 형태적으로 매우 다양하다. 크게 바다에 서식하는 종과 육상에 서식하는 종으로 나누어지며, 이러한 다양성은 등껍질의 모양에서도 많이 나타나는데, 등껍질이 구형인 것부터 유선형의 모양인 것도 있다. 또한 일부 바다거북의 경우 수심 500m이상에서 헤엄을 치기도 하며, 사막에 사는 종의 경우 우기 때 10㎝미만의 지역에서 서식하기도 한다.

거북은 느리고 천천히 이동하는 것으로 알려져 있는데, 실제보다 조금 과장되어 있는 편이다. 하지만 느린 성장, 늦은 성 성숙, 긴 수명처럼 긴 생활사를 가진다. 이러한 생활사는 인간이 우점하는 세상에서 큰 위협이 되고 많은 종들과 집단이 멸종위기에 처해있다.

거북은 등껍질(背甲, Carapace)과 배껍질(腹甲, Plastron)을 가지고 있는 파충류로 머리, 다리 그리고 꼬리 등을 갑옷 안에 일부 또는 전부를 넣을 수 있다. 거북을 제외한 어떤 육상동물도 흉곽과 골반부를 둘러싼 껍질을 가진 종은 없다. 등껍질에는 8개의 등뼈와 갈비뼈가 융합되어 있으며, 등껍질은 흉곽과 흉곽일부가 융합되어 있다. 민물거북 또는 육지거북과 같은 일부 분류군은 매우 단단한 갑을 가지고 있으며, 장수거북이나 자라와 같은 종은 부드러운 갑을 가지며, 골격구조가 감소되거나 퇴화되는 경우도 있다.

짧거나 긴 목은 극단적으로 구부리기 쉽고, 모든 거북은 8개의 목뼈를 가진다. 현존하는 거북은 목의 움추림이나 움직임을 기초로 2가지 그룹으로 나눌 수 있다.

모든 거북류는 난생이다. 암컷 거북은 1개에서 수백 개의 알을 낳고 한 배 란수는 암컷 크기와 상관관계가 있다. 작은 거북은 1개에서 2개의 알을 낳고, 커다란 암컷 거북은 10개 이상의 알을 낳는다. 대부분 거북은 둥지파기 행동을 하는데, 최대한 깊게 구멍을 파고 알을 낳는다. 이들 거북은 체내수정을 하는데 암 · 수 모두 갑을 가지고 있기 때문에 교미는 수컷의 운에 맡겨지는 편이다. 암컷의 등갑 위에 수컷 등껍질의 균형이 맞아야 한다. 그렇기 때문에 많은 종의 수컷은 교미를 촉진하기 위해 약간 오목한 등껍질을 갖는다.

2) 광궁류(Subclass Diapsida)

광궁아강. 광궁류. 양막류로 2개의 섬유구개를 가진다.

광궁류는 3개의 상목(superorder)으로 나누어지는데, 이 중 현존하는 2개의 계통은 인룡상목(鱗龍, Lepidosauria)과 조룡아목(祖龍, Archosauria)으로 인룡상목에 도마뱀, 뱀, worm lizard 및 Sphenodon이 있으며 조룡아목에는 악어류가 있다.

(1) **인룡상목(鱗龍, Lepidosauria, Gr. lepidos, scale +sauros, lizard). 페름기에 출현한 광궁류로 팔다리를 뻗는 자세를 가지는 특징이 있다. 두발로 걷는 것은 별로 발달하지 않았다. 광궁 두개골은 흔히 개조되었으며, 측두궁(temporal arches) 1개 또는 2개 전부를 상실하기도 한다.**

- **유린목(有鱗, Squamata, L. squamatus, scaly + ata, characterized by):** 뱀, 도마뱀 및 amphisbaenians. 단한 상피 비늘 또는 판으로 된 피부로, 비늘 또는 피부는 허물을 벋는다. 방골(方骨, quadrate)은 움직일 수 있다. (worm lizard를 제외하고)움직이는 두개골(skull kinetic). 척추는 보통 앞부분은 오목한 모양이다. 교미기관은 쌍으로 되어 있다. 전세계적으로 약 7300여종 이상이 서식한다.
- **도마뱀아목(Lacertilia, L. lacerta, lizard):** 몸은 가늘며, 보통 사지를 가진. 알래 턱의 rami는 융합되었다; 눈꺼풀은 움직일 수 있다. 외이(外耳)가 존재한다. 이 부계통 아목(suborder)은 약 4450여종을 가진다.
- **Amphisbaenia아목 (L. amphis, double + baina, to walk). worm lizards:** 몸은 신장되었으며, 직경은 거의 일정하다. 다리는 없다 (그러나 한 속은 짧은 앞발을 가진다). 두개골은 굴파기 위해 서로 결합되었다 (그러나 움직이는 두개골은 아니다). 지대는 흔적이다. 눈은 피부 아래 감추어져 있다. 보통 허파는 하나만 가진다. 대략 150여종이 있다.
- **뱀아목(Serpentes, L. serpere, to creep). 뱀:** 몸은 신장되었다. 눈꺼풀과 외이가 없다. 위턱은 인대로 전방으로 결합되었다. 눈꺼풀은 융합하여 투명한 spectacle이 되었다. 혀는 갈라졌으며, 앞으로 튀어 나올 수 있다. 왼쪽 허파는 크기가 작거나 없다. 대략 2920종이 있다.
- **Sphenodonta목 (Gr. sphenos, wedge + dontos, tooth). tuatara:** 원시적인 광궁 두개골; 척추는 양면이 오목하다; 방골은 움직일 수 없다. 가운데 두정안(頭頂眼, parietal eye)이 있다. Sphenodon이 유일한 현존 속이다.

(2) 조룡아목(祖龍, Archosauria, Gr. archon, ruling + sauros, lizard): **진전된 광궁류, 대부분 육상생활을 하나, 일부는 날기에 적응하였다. 조류와 중생대의 주된 파충류가 포함된다.**

· **악어목(鰐魚, Crocodilia, L. crocodilus, crocodile). 악어류:** 2개는 신장되었고 아주 크다. 코가 앞쪽 끝이다. 2차적을 만들어진 구개(palate)가 있다. 심장이 4칸으로 되어있다. 척추는 앞부분은 보통 오목하다. 전지는 보통 5개의 가락을 가진다. 후자는 4개의 가락을 가진다. 방골은 움직일 수 없다. 사회적 활동이 상당하다.

3) 단궁류(Subclass Anapsida)

단궁아강(單弓, Synapsida, Gr. syn, together + apsis, arch). 1쌍의 측두공구멍(섭유개구)을 가진 두개골을 가진 양막류. 포유류와 유사한 파충류(절멸). 현존하는 포유류가 이 계통의 후손이다.

7장

파충류의 특성 유린목을 중심으로

유린목은 가장 최근에 진화한 광궁류로 현존하는 모든 파충류의 95% 정도를 차지할 정도로 번성한 그룹이다. 이 중 도마뱀은 페름기의 화석기록이 발견되고 있으나 중생대의 백악기까지 방산하지 않았다. 중생대는 공룡이 최대로 방산한 시기였다. 뱀은 백악기 후기에 출현하였으며, 도마뱀의 한 그룹에서 유래한 것으로 추정된다.

유린목의 광궁류 두개골은 아래쪽 섭유개구에서 뒤쪽 및 배쪽에 위치한 피하골(dermal bone)을 상실되어 선조 광궁류의 두개골과 다르게 변화하였다. 그래서 대부분의 도마뱀은 두개골에 움직일 수 있는 관절을 갖게 되었다. 이러한 두개골을 움직이는 두개(kinetic skull)라고 하고, 다른 파충류에서 두개골과 융합한 방골(quadrate)은 아래 턱과 관절로 연결되어 있을 뿐 아니라 등 쪽 끝부분에서 관절을 가진다. 또 입천장(구개, palate)과 두개골의 천장에 관절이 있어 주둥이(snout)를 들어 올릴 수 있다. 자유자재로 움직일 수 있는 두개골을 가진 도마뱀은 먹이를 잡고 효과적으로 다룰 수 있다. 또 턱 근육의 닫는 힘을 증가시킬 수 있다. 뱀의 두개골은 도마뱀보다 더 나은 「움직이는 두개골」을 가졌으며, 도마뱀과 뱀이 다양하게 된 중요한 요인이었다.

7.1 도마뱀(도마뱀아목, Suborder Sauria)

도마뱀은 아주 다양한 그룹이다. 육상에서 살거나 땅속에서 살거나 물에서 살거나 나무에서 살거나 공중에서 사는 것 등 다양하다. 이 다양한 도마뱀류에서 잘 알려진 종이 도마뱀부치이다. 몸집이 작고 날쌔며, 보통 밤에 활동하는 이 도마뱀은 접착력을 가진 발바닥을 이용하여 수직으로 거꾸로 걸을 수 있고, 수직 표면에도 달라붙을 수 있다. 이구아나는 밝은 색을 띠며 머리장식을 가지며, 갈라파고스 섬의 바다 이구아나도 이 그룹에 속한다. 신장된 몸과 작은 다리를 가진 도마뱀, 그리고 아프리카 및 마다가스카르 섬의 나무 위에서 사는 도마뱀인 카멜레온이 있다. 카멜레온은 달라붙는 끝 부분을 가진 혀로 곤충을 잡는 재미있는 동물이다. 혀는 자기 몸의 길이만큼 뻗어 정확하게 곤충을 잡아먹을 수 있다. 대부분의 도마뱀은 4개의 다리와 비교적 짧은 몸을 가지나 일부는 다리가 퇴화되고 일부 종은 다리가 아예 없다. 특유의 몸 모습과 생활방식을 가진 거북, 뱀, 악어와 달리 도마뱀은 다양한 서식처로 폭넓게 방산하였다. 대부분 도마뱀은 움직일 수 있는 눈꺼풀을 가진다. 반면에 뱀의 눈은 투명한 덮개로 덮여 있다. 도마뱀은 낮에도 명쾌하게 볼 수 있다(간상체와 추상체에 망막이 풍부하다). 그러나 야행성이 도마뱀부치는 야간 시력을 위해 간상체와 망막만 가진다. 대부분 도마뱀은 외부의 귀를 가지며 뱀은 귀가 없다. 그러나 다른 파충류와 같이 대부분의 도마뱀의 경우 청각은 중요한 역할을 하지 못한다. 도마뱀부치는 예외인데, 수컷은 아주 소리를 잘 내며(영토를 선포하고, 다른 수컷의 접근을 막는다) 자신의 소리를 들을 수 있다.

다수의 도마뱀은 아주 덮고 건조한 지역에서 살며 사막생활에 필요한 적응을 하였다. 이들의 피부는 샘이 없으므로 이 샘을 통한 수분 상실은 크게 감소되었다. 이들은 요산 결정체가 들어있는 반고체성 오줌을 만든다. 이 점은 물을 보존하기 위한 훌륭한 적응이며, 이 특징은 건조한 지역에서 사는 다른 그룹에서도 발견된다.

7.2 뱀(뱀아목, Suborder Serpentes)

뱀은 다리가 전혀 없으며, 어깨띠(pectoral girdle) 및 허리띠(pelvic girdle)가 없다 (비단뱀, phyton 및 boa에서 허리띠는 흔적으로 남아 있다). 뱀은 사지류보다 짧고 넓은 척추를 가져 풀과 거친 지역을 통해 신속한 측면 파동(lateral undulation)을 낼 수 있다. 갈비뼈는 척추(vertebral column)의 경직성을 증가시켜 측면 스트레스에 대한 더 큰 저항성을 부여한다. 척수골(neural spine)이 위에 있음으로 해서 수많은 근육에 더 큰 지렛대 역할을 하도록 한다.

「움직이는 두개골」을 가지고 있기 때문에 자기 몸통보다 몇 배 큰먹이를 삼킬 수 있다. 뱀은 움직일 수 있는 눈꺼풀이 없고, 외부 귀가 없다는 점에서 도마뱀과 다르다 (뱀의 눈은 투명한 위 및 아래 눈꺼플이 붙어 항상 덮여 있다). 대부분의 뱀은 비교적 약한 시력을 가지고 있으나, 열대 우림의 나무 사이에서 사는 뱀은 예외이다. 실제로 일부 나무에서 사는 뱀은 우수한 시력을 가지고 있으며, 냄새로 추적하기 어려운 가지 사이로 먹이를 추적하는데 도움이 된다. 뱀은 바닥을 통해 전달되는 저주파 진동에 예민하지만 완전히 귀가 멀었다.

대부분의 뱀의 경우 시력보다 화학적 감각 및 진동 감지로 먹이를 추적한다. 코에 있는 보통의 후각 구역이 있는데 발달은 빈약하다. 입의 천장에 위치한 화학감각 기관인 야콥슨씨기관(Jacobson)이 있다. 뱀(과 다수의 도마뱀)의 갈라진 혀(forked tongue)는 환경에서 냄새 입자의 표본을 떠서 야콥슨씨기관에 전달한다.

살모사과(Viperidae)의 Crotalinae상과(上科)에 속한 뱀들은 피트살모사라 불리는데, 코구멍(nostril)과 눈 사이의 머리 상에 전문적인 열 감지 적외선수용기인 피트기관(pit organ)을 가지기 때문이다. 가장 잘 알려진 북아메리카 독사 전부는 피트살모사이며, 방울뱀(rattlesnake), water moccasin 및 copperhead 등이 이에 속한다. 피트는 다섯 번째 뇌신경(cranial merve)에서 온 신경 말단이 무수히 많이 있다. 방사 에너지(장파 적외선)에 극도로 예민하며, 열을 방사하는 표면에서 0.003도 차이도 구별할 수 있다. 피트살모사는 적외선수용기를 사용하여 정온 동물 먹이를 추적하고 공격할 수 있으며, 낮이던 완전히 캄캄한 밤이던 관계없이 효과적으로 공격할 수 있다.

독사는 모두 아래뼈에 붙은 한 쌍의 이빨을 가지는데, 송곳니로 개조되었다. 이뼈는 입을 닫고 있으면 막으로 된 이빨 집에 위치한다. 독사가 공격할 때 전문화된 근육 및 뼈 지렛대 시스템이 입을 벌릴 때 송곳니를 세운다. 송곳니는 먹이 몸 속으로 콱 처박히고 송곳니의 한 통로를 통해 상처속으로 독이 주사된다. 독사는 먹이를 문 다음 즉시 놓아주며, 먹이가 마비되거나 죽을 때까지 따라간다. 다음에 뱀은 먹이를 통째로 삼킨다.

뱀의 독은 전통적으로 신경독과 용혈독으로 나누어진다. 신경독은 주로 신경 시스템에 작용하는데 시신경(optiv nerve)에 작용하여 눈을 멀게 하거나 횡격막의 신경(phrenic nerve)에 작용하여 호흡 마비를 일으킨다. 용혈독은 적혈구와 혈관을 파괴하여 조직으로 피의 대량 출혈을 일으킨다. 많은 종류의 독사는 신경독성과 용혈독성을 함께 가진다.

8장

한국산 파충류의 분류 및 분포

8.1 한국산 파충류의 과별 특성

1) 푸른바다거북科(Family Cheloniidae)

머리는 큰 비늘판으로 덥혀있다. 위, 아래 양턱은 각질로 되어 있고 목은 수직 방향으로 S자형으로 굽었는데 갑안에 넣지 못한다. 머리뼈, 즉 두부의 뒤쪽은 거의 패이지 않았고 겉은 골판으로 덮여있으며 윗머리뼈와 비늘뼈와는 물림줄로 접합되었다(원, 1971).

바다거북과는 현재 4개의 속(*Caretta*, *Chelonia*, *Eretmochelys*, *Lepidochelys*)으로 구성되어 있으며, 열대지방을 중심으로 넓게 이동한다. 이 과에는 2개의 아과(Carettinae, Chelaniinae)가 있다.

2) 장수거북科(Family Dermochelyidae)

장수거북과는 머리와 목을 갑 안에 집에 넣지 못한다. 몸은 연한 피부로 덥혀 있는데, 등갑과 등껍질은 가죽으로 된 작은 모자이크 모양의 판으로 구성되어 있다. 머리뼈의 옆 머리부의 뒤쪽에는 패인곳이 없고 겉면은 골판으로 덥혀있고 윗머리뼈와 비늘뼈와는 물림줄로 맞닿았다. 코뼈는 없고 좌우의 앞이마뼈는 등면에서 맞닿는다. 다리는 발톱이 없고 노와 같은 판으로 되어 있으며, 앞발은 매우 크고 성체의 뒷발의 물갈퀴는 꼬리에 닿을 수 있을 정도로 넓다. 이 과에는 1종(*Dermochelys coriacea*)이 있다.

3) 자라科(Family Trionychidae)

이 과는 등껍질이 불완전하거나 없다. 등부분은 편평하다. 늑골 끝은 흉골 뒤쪽으로 확장되어 있다. 배껍질은 단순한 편이며, 인대조직과 연골결합을 통하여 등갑과 연결되어 있다. 앞발은 노와 같은 형태이며, 뒷발은 3개의 발톱을 가지고 있다. 수종 종들은 수영을 매우 잘하며, 강, 호수, 습지 바닥에서 많은 시간을 보낸다. 대부분의 종은 동종끼리 잡아먹고, 모래나 진흙 속에서 숨에 있다가 먹이를 잡아먹고, 가끔 식물을 먹기도 한다.

4) 남생이科(Family Emydidae)

남생이과는 현대 거북류중 높은 다양성을 가지고 있다. 대부분의 종은 수중생활을 한다. 하지만 일부 종은 반 수중 생활을 하고 몇몇 종은 육상생활을 한다. 거의 모든 종이 작은 머리와 짧은 꼬리 그리고 잘 발달된 껍질을 가지고 있다. 등갑과 등껍질은 넓고 뼈를 연결하며, 등갑은 둥근 편이다. 전상악골은 갈고리형태의 모양을 하고 있지 않고 치조돌기의 형태는 좁은 것부터 넓은 것까지 다양하다. 이 과는 2개의 아과(Batagurinae, Emydinae)로 구별된다.

5) 도마뱀부치科(Family Gekkonidae)

대부분이 수상생활, 야행성의 것이 많고 도마뱀아목 중에서 퇴화적인 형태를 가진 독특하게 진화한 무리로서 식충성이다(谷津 · 內田 1988). 원래는 삼림성 이었으나 인가의 불빛에 모여드는 곤충을 잡아먹기위하여 서식장소를 옮겨 지금은 인간과 함께 사는 파충류가 되었다고 한다. 번식은 돌담 구멍이나 판자로된 담벽의 판자 뒷면, 천정사이, 나무구멍(樹洞) 등에 산란한다(岡田 1981).

6) 도마뱀科(Family Scincidae)

도마뱀과는 작은 것부터 큰 것까지 다양하게 있으며, 대부분 등면과 배면은 비늘로 덥혀있다.

간쇄골은 없거나 십자모양이다. 쇄골은 과립모양이며, 꼬리는 긴 편이다. 일반적으로 꼬리가 절단되지만 모든 종이 그런 것은 아니다. 자절현상이 일어나는 꼬리뼈는 비스듬하게 앞쪽 부분이 갈라져 있으며, 혀는 필라멘트 모양의 유두상 돌기를 가지고 등쪽면의 설상부 비늘은 반복적으로 배열되어 있고, 설상부 비늘 앞쪽 가장자리는 톱니모양이고 혀 앞부분은 오므릴 수 없다.

두개골은 쌍으로 된 비골과 측두린부가 있으며, 단일 또는 쌍으로된 후안와와 전두골, 그리고 하나로 융합된 두정골을 가진다. 두정구멍은 있거나 없으며, 만약 존재할 경우 두정골이 뚫려있다. 측생치가 있으며, 익상돌기는 있는 것 과 없는 종이 있다.

7) 장지뱀科(Family Lacertidae)

장지뱀과는 몸통길이가 40-260㎜정도로 작은 것부터 큰 것 까지 다양하다. 몸의 비늘은 변이가 매우 심하며, 몸의 등쪽과 측면의 비늘은 크고, 겹쳐지고, 용골이 있는 것이 있으며, 직사각형의 배비늘 나란히 배열되어 있거나 겹쳐있다. 모든 종은 다리가 있고 견대에는 십자모양의 간쇄골과 과립모양의 쇄골이 있다. 고리는 잘라지고 주로 길며, 장지뱀속(*Takydromus*)은 체장의 2배 이상이 된다. 각각의 꼬리뼈는 비스듬한 틈이 있으며, 혀는 필라멘트모양의 유두상돌기와 혀 비늘을 가지며, 등면에 반복적으로 배열되어 있다. 혀 비늘 앞쪽 가장지리는 부드럽고 앞쪽 혀는 접을 수 없다. 두개골은 쌍으로 된 비골과 후안와, 측두린부가 있으며, 대부분 두정골과 전두골을 가지며, 두정구멍은 없다. 치아에는 측생치가 있으며, 익상돌기는 있는 것과 없는 것이 있다.

8) 뱀科(Family Colubridae)

뱀과는 가장 "일반적인 뱀"의 형태를 있으며, 14개의 아과(subfamily)와 290개속, 그리고 약 2,000여종 이상이 포함되어 있다. 또한 이 과는 열대, 아열대, 온대 지역 등 매우 넓은 지역에 분포하며, 다양한 서식지를 이용하며 살고 있다. 왼쪽 폐는 퇴화되거나 없으며, 폐도관은 존재하거나 없는 경우도 있다. 왼쪽, 오른쪽 수란관은 모두 잘 발달해 있다.

9) 살모사科(Family Viperidae)

살모사과는 일부지역을 제외하고 전 세계에 넓게 분포하는 종으로 독을 가지고 있으며, 독니는 매우 발달하였다. 대부분의 살모사들은 튼튼한 몸을 가지고, 삼각형의 머리를 가지고 있어서 잘 구별된다. 두개골을 살펴보면, 위턱뼈가 짧고 전두골과 외익골에 관절로 붙어 있어 움직일 수 있으며, 머리 측면의 섬유구개의 존재 유무에 따라 살모사아과(Crotalinae)와 북살모사아과(Viperinae)로 나뉜다. 왼쪽 폐는 일반적으로 없으며, 존재할 경우 흔적만 남는다. 폐도관은 있으며, 왼쪽, 오른쪽 모두 수란관이 잘 발달해 있다.

10) 바다뱀科(Family Hydrophiidae)

바다뱀과는 바다에 적응한 뱀으로 열대, 아열대 지역에서 서식하고, 회유하는 종도 있다. 아한대 지역까지도 북상하는 경우도 있다. 체형은 종류에 따라 다르며, 길이는 2m이상이나, 몸 크기에 비하여 머리는 작은 편이다. 또한, 꼬리부분은 넓게 변하였는데, 수영을 할 수 있도록 적응한 것이다.

이 과는 2개의 아과(Laticaudinae와 Hydrophiinae)로 나누어지는데, Laticaudinae에 속하는 뱀은 육지와 바다에서 모두 살아가는 것이 다른 바다뱀과 구별된다. 바다 우산뱀은 가장 일반적인 형태의 바다뱀이고, 이들은 난생을 하고, 알을 낳기 위해 육지로 이동을 하지만, Hydrophiinae에 속하는 종은 태생이며, 물에 새끼를 낳는다. Laticaudinae에 속하는 바다우산뱀은 육지로 올라갈 수 있도록 특수화된 배비늘이 있다. 바다뱀은 아가미와 지느러미가 없어서 뱀장어와 비슷하지만, 비늘을 가지고 있고, 물속에서 많은 시간을 보내지만, 호흡을 위해서 물 표면으로 올라와야 한다.

8.2 한국산 파충류의 검색표

우리나라 파충류에 대한 검색표는 원 (1971), 강과 윤 (1975), Szyndlar and O (1987), 장 등 (2006b)에 의해 작성되었으나, 최근에 신종(new species) 발표 및 분류학적 고찰 등을 통해 일부 종이 정정됨에 따라 기존 연구 결과를 참고로 검색표를 재 작성하였다.

1) 거북류 검색표

1
A 4다리는 비늘 모양이거나 지느러미 모양이고, 발가락이 뚜렷하다. 해산(海産)이다. **2번으로**
B 4다리는 비늘 모양이거나 지느러미 모양이 아니고 발가락이 뚜렷하다. 담수산 혹은 육서이다. **3번으로**

2
A 몸의 표면은 발달된 대형의 비늘판으로 덮혀 있고, 몸통은 단단한 갑에 싸여 있다. 1–2개의 발톱이 있다. **바다거북과**
B 몸의 표면은 부드러운 피부로 되어 있거나 다수의 가는 비늘로 덮여 있고, 성체에서는 등갑에 7개의 두렷한 융기선을 갖고 있다. 발톱이 없다. **장수거북과**

3
A 갑은 단단하고, 발달된 대형의 비늘판으로 덮여 있다. 발톱은 원칙적으로 4–5개이다. **4번으로**
B 갑은 부드러운 피부로 덮여 있다. 발톱은 3개이다. **자라**

4
A 갑에 3개의 발달된 융기선이 있으며, 머리 측면에 노란색의 선이 있다. **남생이**
B 갑에 3개의 발달된 융기선이 없으며, 머리 측면에 붉은색의 선이 있다. **붉은귀거북**

2) 도마뱀류 검색표

1
- A 머리판에서 크고 체계적인 비늘판이 없고 부드러운 혀를 가지고 있으며, 발바닥에 잘 발달된 흡판을 가지고 있다. **도마뱀부치**
- B 머리판은 크고 체계적인 비늘판이 존재한다. **2번으로**

2
- A 배비늘은 대체로 육각형모양이며, 몸통에 용골이 존재하지 않고, 서혜인공이 없다. **3번으로**
- B 대부분 사각형의 비늘을 가지며, 몸통에 용골이 존재하고, 서혜인공이 있다. **4번으로**

3
- A 몸통측면의 선이 물결모양이며, 가운데 등비늘이 확장되어 있다. **도마뱀**
- B 몸통 측면의 선이 거의 일직선이며, 가운데 등비늘이 약간 확장되어 있다. **북도마뱀**

4
- A 과립모양의 등비늘을 가지고 있으며, 배비늘은 규칙적으로 배열되어 있고, 또한 대퇴부에는 11-12쌍의 서혜인공이 있다. **표범장지뱀**
- B 등비늘에는 강한 용골이 존재하나 과립모양의 등비늘은 아니다. 또한, 서혜부에 서혜인공이 있다. **5번으로**

5
- A 주둥이끝판과 윗코판 비늘이 붙어 있으며, 3 또는 4쌍의 서혜인공이 존재한다. **아무르장지뱀**
- B 주둥이판과 머리판 비늘이 떨어져 있으며, 1쌍의 서혜인공이 존재한다. **줄장지뱀**

3) 뱀류 검색표

1
- A 바다에 서식하고, 배비늘은 작으며, 꼬리의 측면은 납작한 편이다. **바다뱀과**
- B 육상에 서식하며, 배비늘은 넓고, 꼬리는 둥근 편이다. **2번으로**

2
- A 주둥이 앞부분에 독니를 가지고 있으며, 머리 앞쪽에 9개의 커다란 머리판을 가지고 있다. **3번으로**
- B 주둥이 앞부분에 독니를 가지고 있지 않다. **5번으로**

3

A 등비늘은 23줄이며, 뺨 부분에 밝은 선이 없으며, 몸에 어두운 색의 가로 줄무늬가 있다. **까치살모사**

B 등비늘은 21줄이고, 잘 발달된 희색의 선이 뺨 부분에 있다. 몸의 형태는 위와 같지 않다. **4번으로**

4

A 몸에 어두운 반문들이 있는데, 주로 양쪽 또는 반대 방향으로 밝은 색의 동그라미 모양이 있으며, 혀의 색은 검은색이고, 꼬리의 끝은 밝은 색이다. **살모사**

B 몸통은 어두운 갈색 이거나 검은 빛이며, 밝은 색의 가로 줄무늬가 있고, 혀 색은 붉은색이다. 꼬리의 끝은 어두운 색이다. **쇠살모사**

5

A 등비늘 열은 19줄이거나 그보다 적다. **6번으로**

B 등비늘 열은 21줄이거나 그 이상이다. **10번으로**

6

A 부드러운 비늘을 가지며, 주로 17줄의 비늘이 있다. **7번으로**

B 등비늘 열은 19줄이며, 강한 용골을 가지고 있다. **9번으로**

7

A 배비늘은 184개보다 적으며, 몸통색은 거의 전체가 회갈색이다. **비바리뱀**

B 배비늘은 183개 이상이며, 몸통 색은 위와 같지 않다. **8번으로**

8

A 항문판은 나누어져 있으며, 꼬리비늘 수는 76개보다 많다. 등 부분은 봄 길이 방향으로 노란색의 선이 있다. **실뱀**

B 항문판은 나누어져 있지 않으며, 꼬리비늘 수는 79개 보다 적다, 등에는 붉거나 오렌지 빛의 가로줄 무늬가 있는 검은색이다. **능구렁이**

9

A 약한 용골이 있으며, 배비늘은 155개보다 적고, 등 부분은 갈색이며, 배 측면은 약한 점무늬가 있다. **대륙유혈목이**

B 강한 용골, 152개 이상의 배비늘, 등부분은 녹색이며, 머리 뒤쪽에 검고 붉은 점이 있으며, 배측면은 검은색이다. **유혈목이**

10

A 용골이 없다. **11번으로**

B 강한 용골, 배비늘은 210개 이상, 등비늘은 23줄이고, 배비늘은 228개보다 적고, 꼬리비늘 수는 77쌍보다 적고, 꼬리에 가로 줄무늬가 존재한다. **12번으로**

11

A 등비늘은 21줄이며, 배비늘은 188개보다 적고, 등부분은 검은 점들이 있는 갈색이고, 배부분은 검거나 붉은 색의 사각형 모양의 점이 있다. **무자치**

B 등비늘은 주로 25줄이며, 배비늘은 180개 이상, 등 부분은 어두운 색과 밝은 색이 교차하는 회색이며, 배부분은 불규칙하고 희미한 점을 가진다. **누룩뱀**

12

A 앞쪽에 좁은 흰색의 띠와 뒤쪽에 노란색의 띠를 가지며 몸통은 검은색이다. **구렁이**

8.3 한국산 파충류의 종목록

Class Reptilies	Order	Suborder	Family	Genus	Scientific Name
파충강	Testudinata 거북목		Cheloniidae 바다거북과	*Celonia* 푸른 바다거북속	1. *Chelonia mydas japonica* (Thunberg, 1787) 푸른바다거북
				Caretta 붉은 바다거북속	2. *Caretta caretta* (Linnaeus, 1758) 붉은바다거북
			Dermochelyidae 장수거북과	*Dermochelys* 장수거북속	3. *Dermochelys coriacea schegelii* (Garman, 1884) 장수거북
			Trionychidae 자라과	*Pelodiscus* 자라속	4. *Pelodiscus sinensis* (Wiegmann, 1834) 자라
			Testudinidae 남생이과	*Chinemys* 남생이속	5. *Chinemys reevesii* (Gray, 1831) 남생이
				Trachemys 붉은귀거북속	6. *Trachemys scripta elegans* (Wied–Neuwied, 1839) 붉은귀거북
	Squamata 유린목	Lacertilia 도마뱀아목	Gekkonidae 도마뱀부치과	*Gekko* 도마뱀부치속	7. *Gekko japonicus* (Duméril and Biboron, 1836) 도마뱀붙이
			Scincidae 도마뱀과	*Scincella* 도마뱀속	8. *Scincella vandenburghi* Schmidt, 1927 도마뱀 9. *Scincella huanrenensis* Zhao and Huang, 1982 북도마뱀
			Lacertidae 장지뱀과	*Takydromus* 장지뱀속	10. *Takydromus amurensis* (Peters, 1881) 아무르장지뱀 11. *Takydromus wolteri* (Fischer, 1885) 줄장지뱀
				Eremias 표범장지뱀속	12. *Eremias argus* Peters, 1869 표범장지뱀
		Serpentes 뱀아목	Colubridae 뱀과	*Elaphe* 뱀속	13. *Elaphe rufodorsata* (Cantor, 1842) 무자치 14. *Elaphe dione* (Pallas, 1773) 누룩뱀 15. *Elaphe schrenckii* (Strauch, 1873) 구렁이
				Rhabdophis 유혈목이속	16. *Rhabdophis tigrinus* (Boie, 1826) 유혈목이

Class Reptilies	Order	Suborder	Family	Genus	Scientific Name
파충강	Squamata 유린목	Serpentes 뱀아목	Colubridae 뱀과	*Amphiesma* 대륙유혈목이속	17. *Amphiesma vibakari ruthveni* (VanDenburgh, 1923) 대륙유혈목이
				Sibynophis 비바리뱀속	18. *Sibynophis chinensis* (Günther 1889) 비바리뱀
				Dinodon 능구렁이속	19. *Dinodon rufozonatus* (Cantor, 1842) 능구렁이
				Coluber 실뱀속	20. *Coluber spinalis* (Peters, 1866) 실뱀
			Viperidae 살모사과	*Gloydius* 살모사속	21. *Gloydius ussuriensis* (Emelianov, 1929) 쇠살모사 22. *Gloydius brevicaudus* (Stejneger, 1907) 살모사 23. *Gloydius saxatilis* (Emelianov, 1937) 까치살모사
			Hydrophiidae 바다뱀과	*Hydrophis* 먹대가리바다뱀속	24. *Hydrophis melanocephalus* (Gray, 1849) 먹대가리바다뱀 25. *Hydrophis cyanocinctus* Daudin, 1803 얼룩바다밴
				Pelamis 바다뱀속	26. *Pelamis platurus* (Linnaeus, 1766) 바다뱀

8.4 분류 및 분포 현황

푸른바다거북 ***Chelonia mydas japonica*** **(Thunberg, 1787)**

거북목 Testudinata | 바다거북과 Cheloniidae

1. **영명:** Green sea turtle
2. **분포:** 극지방을 제외하고 거의 전 세계에서 관찰이 가능하다
3. **형태적 특징:** 등면은 푸른기가 있는 회갈색 또는 암갈색인데 늙어감에 따라 등껍질이 불규칙한 갈색의 방사상모양이 나타난다. 각 비늘판의 가장자리는 황백색 또는 청회색으로 선을 두른 것이 많다. 복면은 황백색, 4다리의 아랫면은 흑갈색의 반문이 있는 것이 있다. 주둥이는 짧고 주둥이 끝은 둔하다. 앞이마판은 가늘고 길며 이마판은 작고 1개이다. 그 뒤에 크고 쌍으로 되지 않은 앞 윗이마판이 있다. 윗머리판과 눈윗판은 1쌍씩 있다.
4. **생태:** 보통 2-3년 주기로 산란을 하며, 알은 구형인데 직경이 30-45㎜정도이며 바닷가의 모래에 직경 2m, 깊이 50㎝의 구멍 밑에 약 100여개 이상 알을 낳는다. 어릴 때는 지렁이, 갑각류, 수서곤충, 해조류 등을 다양하게 먹지만, 성체가 되면 주로 해조류를 먹는다.
5. **서식지:** 주로 연안 및 섬 주위에 서식하고 대양에서는 잘 볼 수 없다.

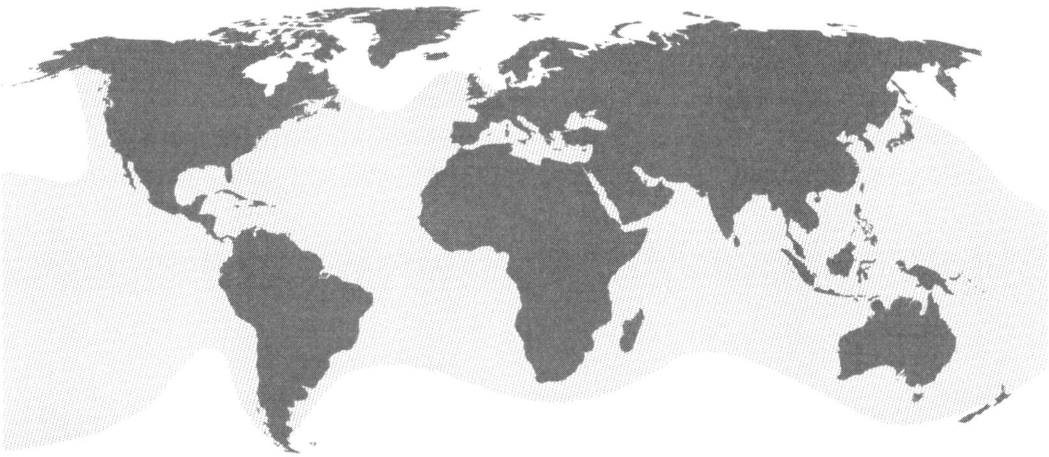

지도 19 푸른바다거북의 분포도

붉은바다거북 *Caretta caretta*(Linnaeus, 1758)

1. **영명:** Loggerhead sea turtle
2. **분포:** 전 세계의 온대, 아열대 및 열대 지역에서 서식한다.
3. **형태적 특징:** 등껍질은 적갈색, 배껍질과 인후부는 황갈색, 목은 황색이다. 네다리의 등면은 등껍질과 같은 색이며, 앞뒤 양 측면의 색은 가운데 부분보다 연하다. 주둥이는 짧고 주둥이 끝은 둔하며 윗턱의 앞 끝부분은 날카로운 갈고리 모양으로 굽어 있다. 앞이마판은 작고 쌍으로 되어 있지 않으며, 앞 윗머리판도 쌍은 아니지만, 크고, 길이와 넓이가 같다. 눈 윗판은 비교적 큰데 그것들은 비늘판의 일부가 분할되고 다른 비늘판과 융합된 것도 있다.
4. **생태:** 2-3년 주기로 산란을 하고, 4-9월경에 산란하는데 밤에 뭍으로 올라와 바닷가 모래에 깊이 50㎝정도의 구멍을 파고 알을 낳고, 알은 구형이며, 직경은 25-45㎜정도이다. 한배의 알 수는 100-170개 안팎이다. 잡식성으로 보통 조개류, 물고기 및 기타 저서무척추동물 등을 먹는다.
5. **서식지:** 주로 연안지역에서 많이 관찰된다.

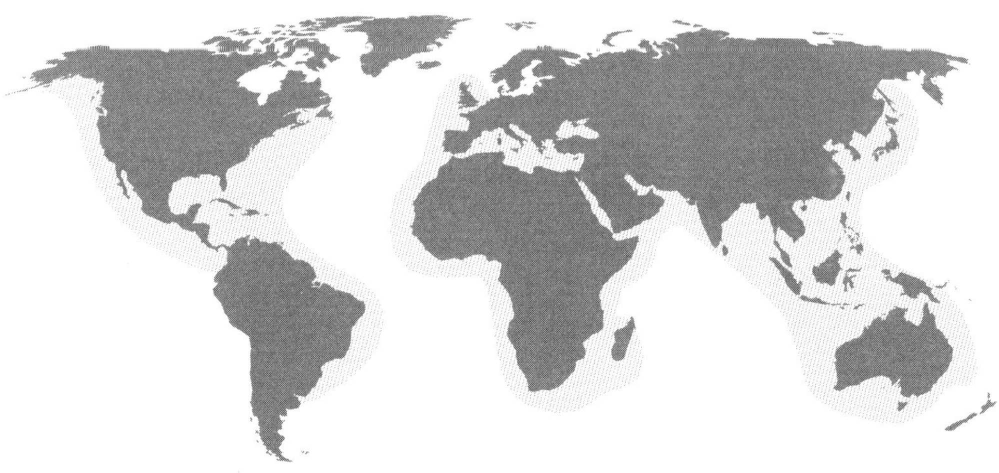

지도 20 붉은바다거북의 분포도

장수거북 *Dermochelys coriacea schlegelii*(Garman, 1884)

거북목 Testudinata | 장수거북과 Dermochelyidae

1. **영명:** Leatherback sea turtle
2. **분포:** 바다거북 중에서 가장 광범위하게 분포하는데 온대지역에서 열대지역까지 서식한다. 태평양, 인도양에 분포하는데 난류를 따라 우리나라 해역에 드물게 나타난다.
3. **형태적 특징:** 등에 비늘이 없는 검은 피부와 7개의 융기선, 확장된 모자이크 판, 등이 아래쪽으로 확장된 것은 다른 바다거북과 구별된다. 5개의 비슷한 용골은 배 표면에 나타나고, 윗턱 가장자리가 뾰족하게 되어 있다. 이 종은 현재 가장 큰 거북으로 최대 900kg까지 나간다.
4. **생태:** 매우 빠르게 수영을 하고 매우 넓은 지역에 빠르며, 턱이 약해 갑각류, 연체동물, 작은 물고기 등 부드러운 먹이를 먹으며 해양 식물도 먹는다. 또한 어떤 지역에서 해파리를 중요한 먹이로 이용한다. 2-3년 주기로 산란을 하며 보통 110여개의 알을 낳고 6-9회 정도 산란을 한다.
5. **서식지:** 주로 대양에 서식하며, 수온이 영하 5℃이하인 추운 지역에서도 발견한다.

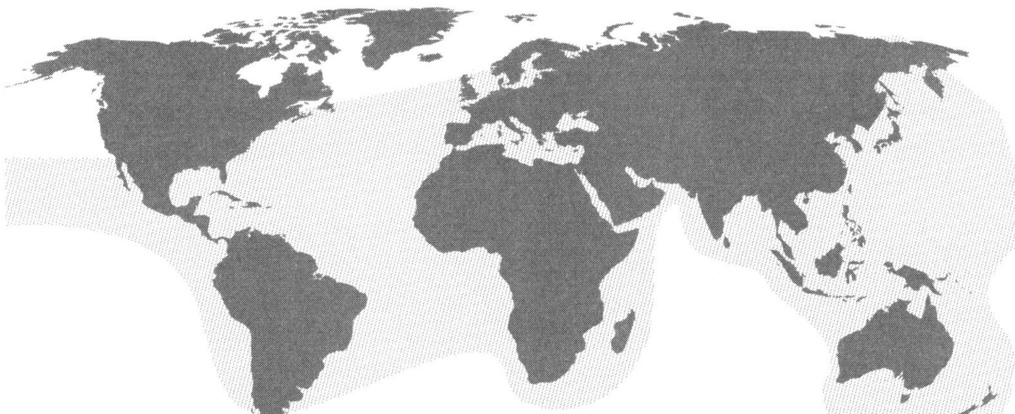

지도 21 장수거북의 분포도

Plate 19

자라 *Pelodiscus sinensis* (Wiegmann, 1834)

거북목 Testudinata | 자라과 Trionychidae

1. **영명:** Chinese softshell turtle
2. **분포:** 내장산, 덕유산, 지리산, 금산, 금오산, 불모산, 삼방산, 영취산, 운악산 등 전국적으로 분포하나 서식지 파괴 및 개체수 감소로 현재는 일부 지역에서만 관찰된다.
3. **형태적 특징:** 우리나라에 서식하는 남생이, 붉은귀거북과 다르게 등 부분이 딱딱하지 않고, 목이 상당히 긴 편이다. 암컷은 꼬리가 짧아서 등 밖으로 거의 노출되지 않고, 비교적 둥글고 등면이 고르게 넓적하다. 수컷은 고리가 길어 등 밖으로 노출되어 있으며, 등면 중앙부에 약간 융기되어 있고, 암컷에 비해 다리 굵기가 가는 편이다.

표. 자라의 외부형태 측정

성별	개체수	등껍질	두장	앞다리	뒷다리	꼬리	몸무게	비고
암컷	N=1	197	57	63	67	19	760	
수컷	N=1	130	48	46	52	25	320	2~3년생

4. **생태:** 낮에는 주로 물속 깊이 어두운 곳에 살고 밤에 나와 먹이는 잡아먹는다. 식성은 주로 육식성이다. 낮에 따뜻할 때 물위로 올라와서 바위나 모래에 있다가 주위의 어떤 작은 소리가 나면 순식간에 물속으로 들어가는 습성이 있다. 산란기는 5월말에서 8월이며, 산란장소는 습기가 있는 곳을 좋아하며, 산란회수는 3~5회로 나누어 하는데, 1회 산란하는 기간은 2~3주간 간격이고, 1회의 산란수는 보통 15~50개 정도이다. 알은 탁구공과 같이 둥글고 직경 2㎝, 중량 약 5g 정도이며, 부화기간은 약 45-50일 정도이다(국립수산진흥원 1998).
5. **서식지:** 강의 중상류 소, 호소, 하천 등(원 1971).

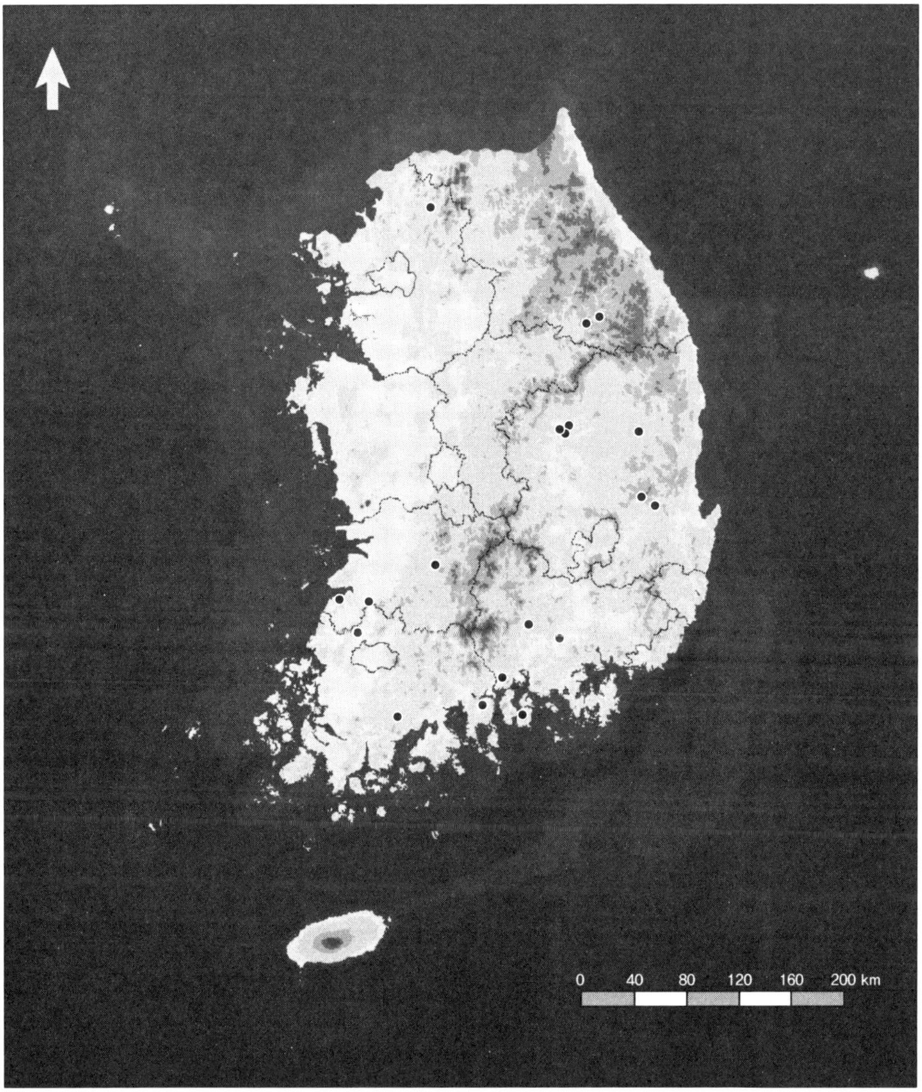

지도 22 자라의 분포도

Plate 20

남생이 *Chinemys reevesii* (Gray, 1831)

거북목 Testudinata | 남생이과 Testudinidae

1. **영명:** Reeve's turtle
2. **분포:** 우리나라, 일본, 중국에 분포하고 있으며, 내장산, 지리산, 방어산, 불모산, 삼방산, 연화산, 작대산, 집현산 등에서 발견된 바 있다. 전국의 크고 작은 하천에서 서식하나, 최근환경오염에 거의 찾아볼 수 없다. 또한 1997년부터 최근까지 조사한 결과 내장산, 덕유산 등 10여 개 지역에서만 관찰되고 있다.
3. **형태적 특징:** 최대 갑장의 길이는 30㎝정도 이며, 수컷보다 암컷이 더 크기가 크다. 수컷의 최대 갑장은 약 20㎝정도이다. 등 부분은 대체로 편평한데, 위에서 볼 때 약간 각이 진 느낌이며, 등 부분에 3개의 융기된 부분이 나타난다. 전체적으로 어두운 색을 띠며 전체가 검은색인 흑화형 개체도 있다. 성장은 1년에 6㎝, 2년생은 7㎝, 5년생은 10㎝정도 된다.
4. **생태:** 기본적으로 주행성으로 일광욕을 즐기지만 여름의 맑은날에는 더위를 피하여 이른 아침이나 저녁에 주로 활동한다. 겨울에는 하천 변의 굴이나 연못 깊은 곳에서 동면한다. 잡식성이며 크기가 큰 개체인 경우 담수 고둥이나 갑각류를 주로 섭취한다. 두부가 상대적으로 큰 편이며 턱의 저작근이 매우 발달해 있으며 교합면이 넓다. 노화기의 암컷개체의 경우 두부가 대형화되는 현상이 종종 관찰된다. 남생이의 암컷은 5월 후반부터 7월에 밭이나 초지, 황무지, 제방 등의 건조한 지역에 산란한다. 산란횟수는 연중 1-3회로, 산란시 마다 1개월간의 간격을 둔다. 1회 산란수는 4-11개로 알껍질이 무르며 장축 40㎜, 단축 23㎜정도이다. 부화한 유체의 등껍질 길이는 약 30㎜이다. 대부분의 개체가 다음해까지 산란소에 그대로 남아있다는 보고가 있으나 적어도 일부의 개체는 부화한지 1년 안으로 지상으로 나온다.
5. **서식지:** 하천, 호수, 늪, 연못 등

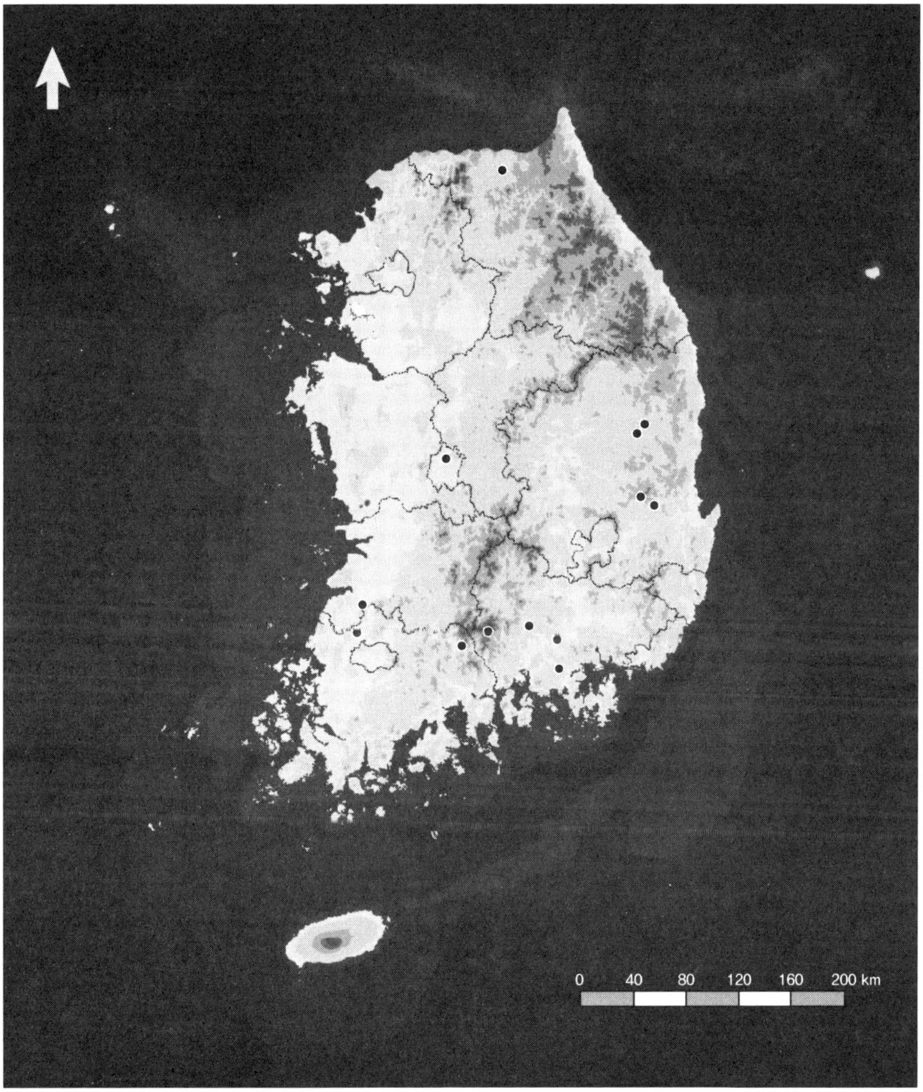

지도 23 남생이의 분포도

Plate 21

붉은귀거북 *Trachemys scripta elegans* (Wied-Neuwied, 1839)

1. **영명:** Mississippi red-eared turtle
2. **분포:** 원산지는 미국 미시시피 지역이지만 애완용으로 전 세계에 보급되며, 현재 우리나라에서는 계룡산, 내장산, 북한산, 지리산 등 전국적으로 분포한다.
3. **형태적 특징:** 몸 길이는 수컷이 평균 15.6㎝, 암컷이 20㎝이며 최대 30㎝까지 자란다. 암수 구별은 먼저 발톱을 비교해보면 성숙한 붉은귀거북 수컷은 앞발톱이 자신의 뒷발톱이나 암컷의 발톱에 비해 2배 정도 길게 자란다. 또한 총배설강의 위치로 암수 구별이 가능한데 수컷의 경우 거북 갑의 끝을 벗어나 위치하고 있는데 반해 암컷은 그렇지 않다. 나이가 든 수컷 개체는 후천적으로 흑색증이 생기는데, 몸에 있던 노란색 무늬는 전부 없어질 정도로 검게 변한다. 암컷의 경우도 약간의 흑색증이 생기지만 수컷처럼 심하게 되지는 않는다.
4. **생태:** 붉은귀거북은 주로 물이 많고 비교적 흐름이 약한 호수나 큰 강 주변의 沼에서 살지만 때때로 등이 완전히 감기지 않을 정도의 작은 웅덩이에서도 발견된다. 호수나 강변이 완만한 경사를 이루고 늪지대와 같이 수초가 많이 자생하는 곳을 좋아한다. 이들은 잡식성으로 곤충, 갑각류, 두족류, 알, 어린 물고기 등을 선호하며, 성체가 될수록 초식성으로 변하는 것으로 알려져 있다. 산란은 보통 4~6월 사이에 아침이나 늦은 오후에 이루어진다.
5. **서식지:** 하천, 호수, 연못, 웅덩이 등

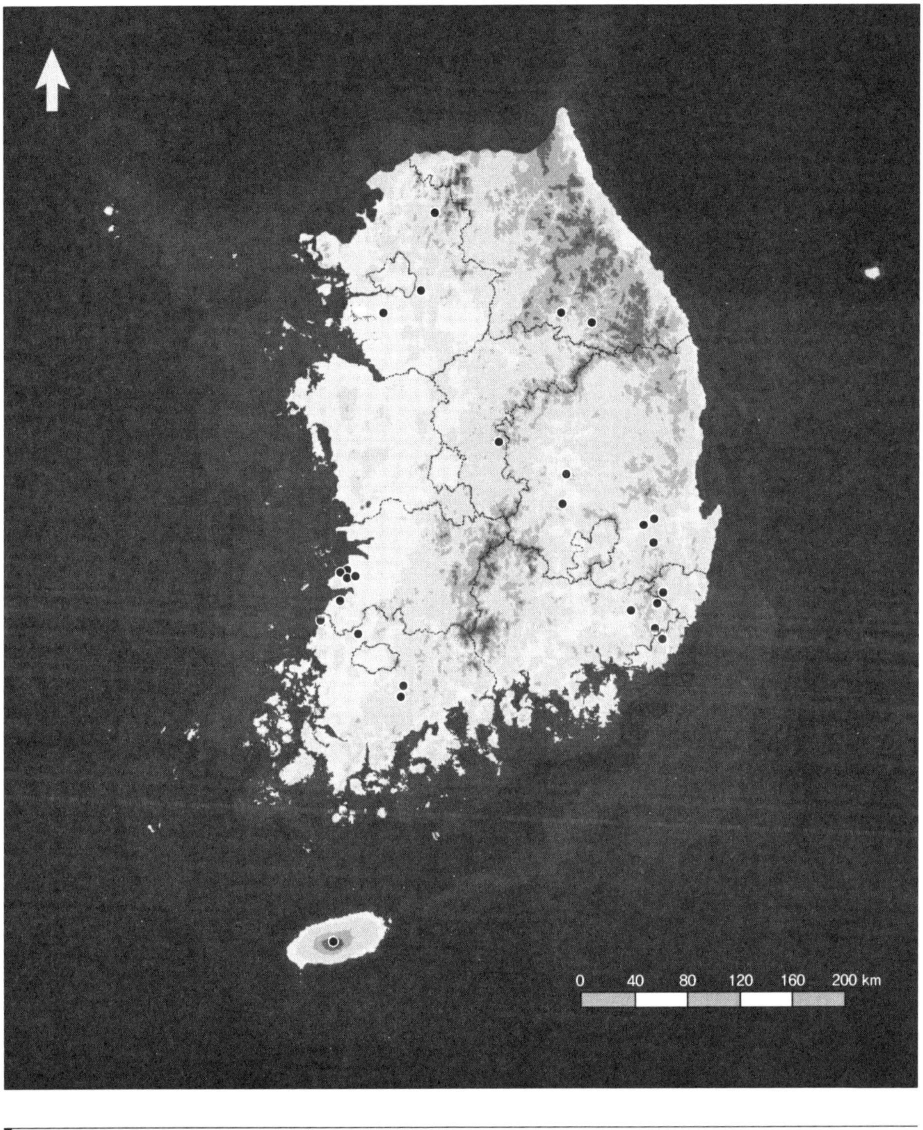

지도 24 붉은귀거북의 분포도

Plate 22

도마뱀부치 *Gekko japonicus* (Duméril and Biboron, 1836)

유린목 Squamata | 도마뱀부치과 Gekkonidae

1. **영명:** Japanese gecko
2. **분포:** 1907년과 1936년에 관찰된 기록이 있으며 부산 및 인근 지역에 주로 분포하는 것으로 알려져 있으며 가야동, 감천동, 광안동, 대연동, 대청동, 망미동, 부평동, 서대신동, 아미동, 충무동, 토성동, 화명동에서 서식하는 것이 확인되었다(원 1971; 이 등 1999).
3. **형태적 특징:** 길이(全長)는 100-120㎜이고 꼬리(尾長)는 몸통의 길이(頭胴長)와 같거나 조금 짧다. 몸 빛깔은 등쪽(背面)이 회색, 어두운 회색 또는 회갈색 바탕에 불규칙한 무늬가 있으나 선명한 것과 불명확한 것이 있다. 배(腹面)는 일반적으로 흐린 백색 또는 회백색이다. 머리는 계란모양(卵形)이고 주둥이는 길며 주둥이 끝판(吻端板)은 옆으로 놓여있다. 즉 길이보다 폭이 훨씬 길다. 윗입술판(上唇板)은 10-11장이고, 아랫입술판(下唇板)은 9-10장이다. 뒤턱판(後頤板)은 2쌍인데 바깥쪽 1쌍은 안쪽 1쌍보다 작으며, 등쪽에는 비교적 적게 융기한 알맹이 모양의 비늘로 덮이는데 큰 알맹이 모양의 것이 섞여있다. 수컷(♂)의 전항부(前肛部)에는 6-9개의 작은 구멍(小孔)이 줄지어있다. 발가락(指趾)의 기부에는 물갈퀴모양 막의 흔적이 있고, 흡반(吸盤)은 비교적 작으며, 발가락 아래판(趾板) 중앙에서 갈라지지 않고 기부의 것이 매우 작다. 제2-5발가락의 끝마디는 흡반에 고착되어 있지만 발톱은 선명하고 제1발가락의 끝마디는 짧고 발톱이 없다. 꼬리는 다소 납작하며 끝을 향하여 차츰 가늘어진다(岡田 1981).
4. **생태:** 도마뱀부치과의 파충류는 대부분이 수상생활, 야행성의 것이 많고 도마뱀아목 중에서 퇴화적인 형태를 가진 독특하게 진화한 무리로서 식충성이며, 원래는 삼림성 이었으나 인가의 불빛에 모여드는 곤충을 잡아먹기 위하여 서식장소를 옮겨 지금은 인간과 함께 사는 파충류가 되었다고 한다. 번식은 돌담 구멍이나 판자로 된 담벽의 판자 뒷면, 천정사이, 나무구멍 등에 산란한다. 산란은 7월이며, 벽에 단단히 붙여서 산란하고 알의 크기는 15㎜×10㎜ 정도이다. 또한 알의 색은 순백색이며 조금 길쭉한 계란모양이었다(이 등 1999).
5. **서식지:** 돌담, 건물 내 · 외벽, 나무 기둥 등

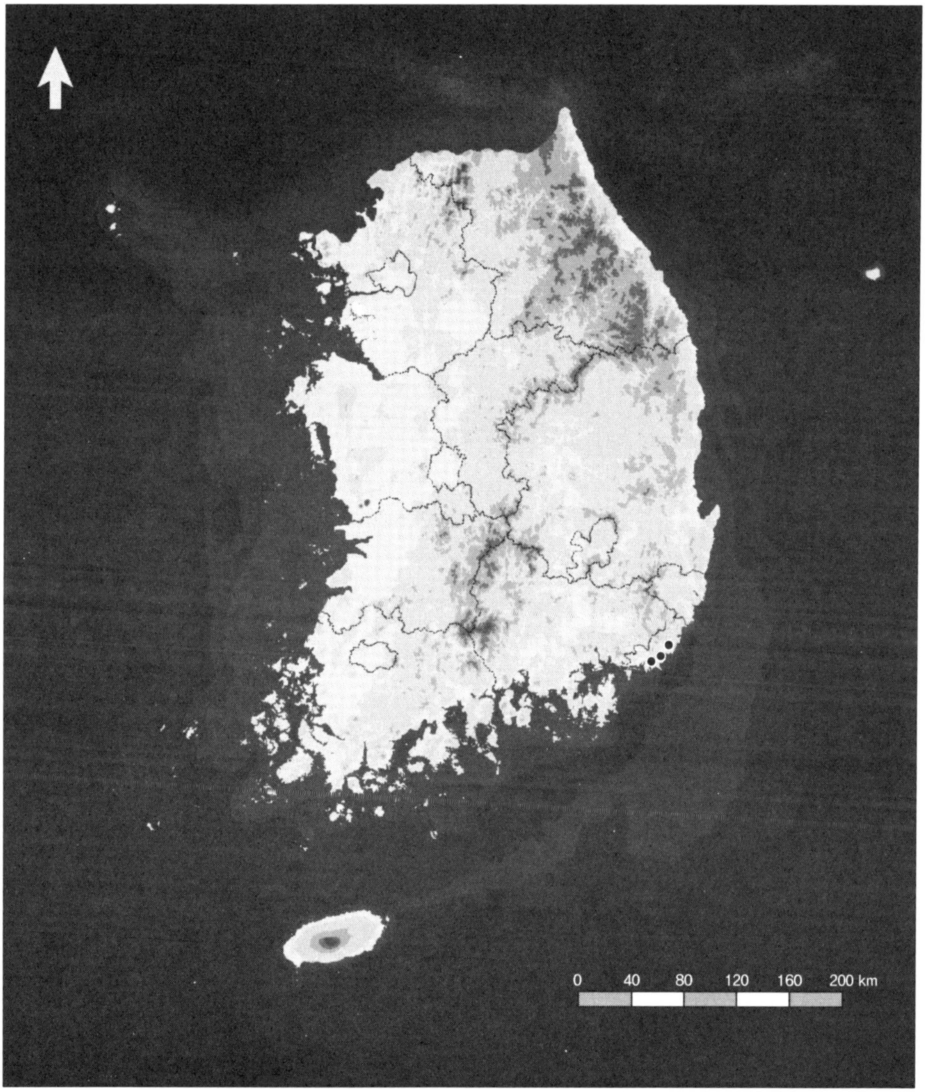

지도 25 도마뱀부치의 분포도

Plate 23

도마뱀 *Scincella vandenburghi* Schmidt, 1927

유린목 Squamata | 도마뱀과 Scincidae

1. **영명:** Smooth skink
2. **분포:** 우리나라, 대마도 및 중국에 분포하고 있으며, 우리나라에서는 전국적으로 분포한다. 특히 남부지역으로 나려갈수록 많은 개체가 관찰되며, 제주도를 비롯한 도서 지역에 많은 개체가 분포하는 것으로 알려져 있다.
3. **형태적 특징:** 머리와 등면은 암갈색을 띠며, 눈에서부터 몸통, 꼬리 옆면에는 짙은 흑갈색을 띤다. 몸통 측면의 흑갈색은 끝부분은 불규칙한 점 무늬로 구성되어 있으며, 팔, 다리의 등면은 흑갈색으로 몸통 색과 흡사하다. 윗턱판부터 아랫턱판, 배면, 꼬리 밑면은 황백색으로 몸통과 구별된다.
4. **생태:** 몸은 황갈색이고 콧구멍에서 꼬리까지 이르는 암적색의 띠가 있다. 긴 꼬리는 위험을 당하면 저절로 끊어졌다 재생된다. 습기가 많은 바위나 돌 틈에서 생활을 하고 남부 지역에 분포하는 섬에서는 흔히 발견된다. 낮에는 통나무, 돌 밑, 낙엽 속에서 숨어 있으며. 주로 밤에 곤충, 지렁이, 거미 등 먹이를 찾아 배회하는 야행성이며, 6~7월경 돌, 풀 밑에 흰색의 알을 8~9개 낳는다.
5. **서식지:** 산림

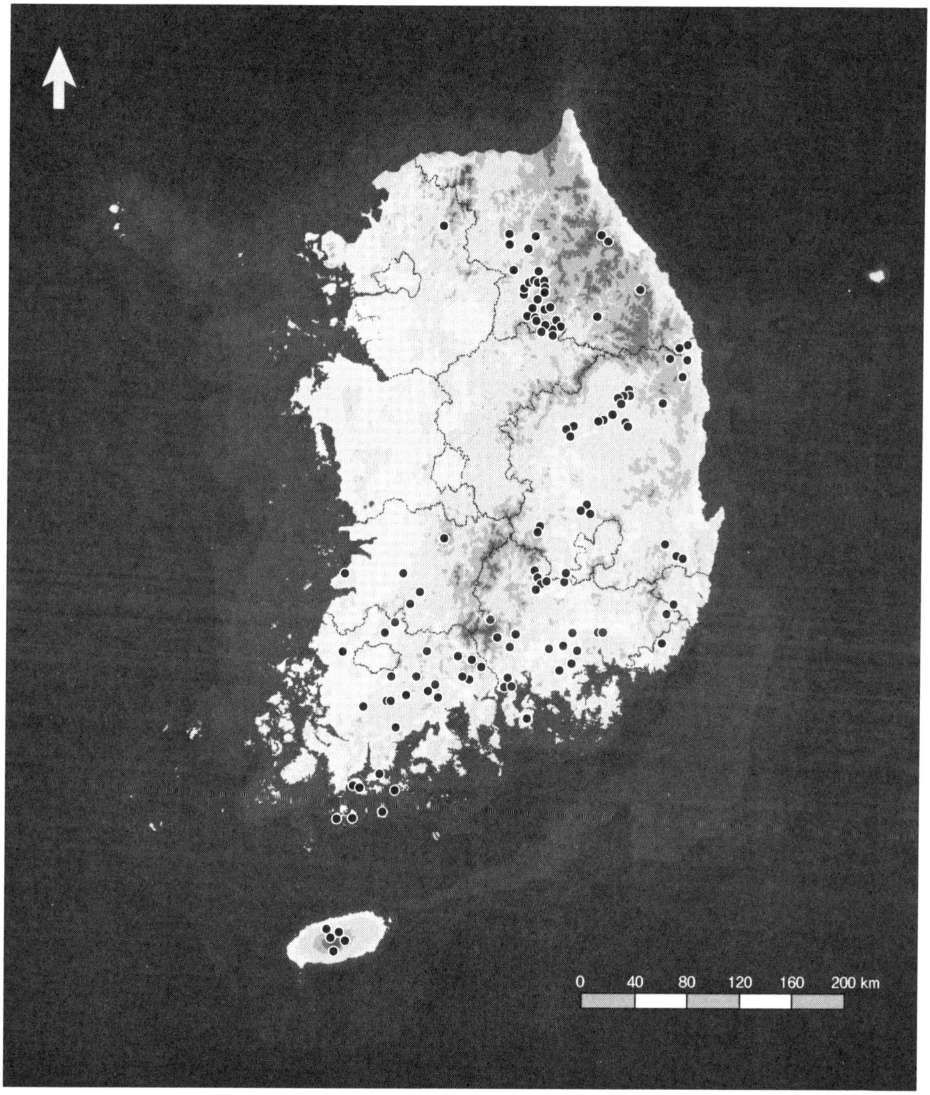

지도 26 도마뱀의 분포도

Plate 24

북도마뱀 *Scincella huanrenensis* Zhao and Huang, 1982

1. **영명:** Dwarf skink
2. **분포:** 주왕산, 오대산, 방태산, 대성산 등 주로 산림지역에 분포하며, 도마뱀과 다르게 북쪽으로 갈수록 많은 개체가 서식하는 것으로 알려져 있다(장 등 2006b).
3. **형태적 특징:** 몸 등면은 금속광택이 나는 적갈색이고 등에는 흑갈색의 4줄이 머리 뒤에서 시작하여 꼬리까지 내려가고, 좌우 등면 가장자리에 황백색의 줄이 눈 뒤에서 시작하여 꼬리까지 내려가다가 끝에 가서 희미하게 끝난다. 좌우 옆면에는 암갈색의 넓은 띠무늬가 눈 뒤에서 시작하여 꼬리까지 내려간다. 다리 등면은 몸통과 같은 색이고 아랫면은 몸의 배면과 같은 색이다. 머리는 작고 주둥이 끝은 둥글다. 윗코판이 없으며 좌우 앞 이마판은 정중선에서 서로 서로 접해 있으며 앞이마판은 이마판과 분리되어 있다.
4. **생태:** 작은 육상곤충류를 먹으며 생활하고 낮에는 어둡고 습한 지역의 돌 밑이나 나뭇잎 밑에서 발견되며, 난태생을 하는 것으로 알려져 있다. 하지만, 구체적인 생태정보는 없는 실정이다(Zhao et al. 1999).
5. **서식지:** 산림

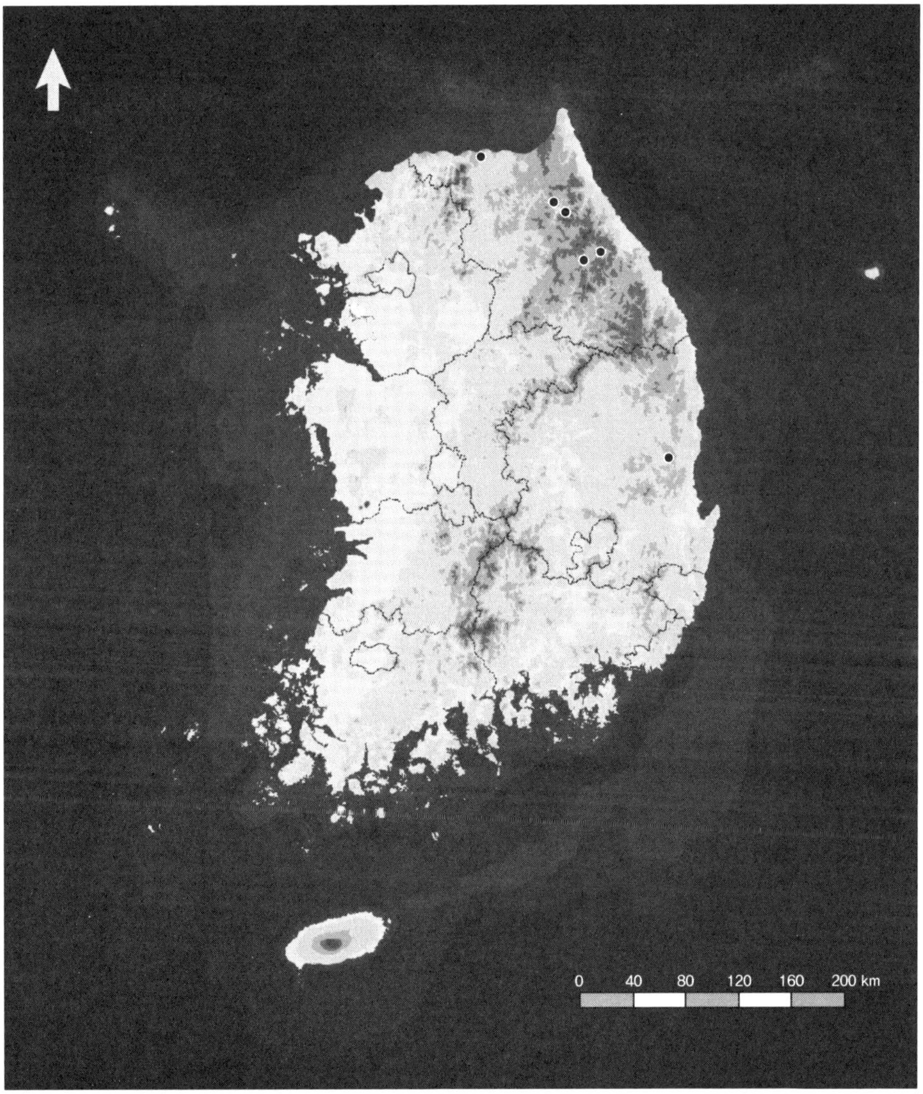

지도 27 북도마뱀의 분포도

Plate 25

아무르장지뱀 *Takydromus amurensis* (Peters, 1881)

유린목 Squamata | 장지뱀과 Lacertidae

1. **영명:** Amur grass lizard
2. **분포:** 계룡산, 덕유산, 북한산, 설악산, 속리산, 오대산, 월악산, 지리산, 치악산 등 제주도를 제외한 거의 전국에 분포하는 것으로 알려져 있다.
3. **형태적 특징:** 등면은 연한 갈색에 불규칙한 점 무늬가 산재해 있고 머리 측면에서 시작한 흑갈색의 넓은 몸통 측면을 따라 꼬리까지 나타난다. 인두판은 4쌍이며, 제3쌍의 앞쪽 끝에서부터 접합하고, 배비늘이 8장이며 강한 용골을 가지고 있다. 서혜인공은 보통 3쌍이지만, 변이가 심하여 좌우의 수가 다르게 나타나는 경우도 많다. 얼굴에 있는 코끝판과 주둥이판이 위·아래로 분리되어 있는 것이 특징이다.
4. **생태:** 주요 작은 육상곤충류 등을 포식하며 생활을 하고, 낮고 양지 바른 곳으로 나와 활동한다. 특히 등산로, 도로 주변 그리고, 찔레, 칡과 같은 넝쿨이 많은 지역에서 자주 목격되며, 사람이나 포식자가 나타나면, 넝쿨 속이나 돌 틈으로 들어가 몸을 숨긴다. 일반적으로 5-6월경에 암컷의 몸속에 있는 알을 확인할 수 있으며, 산란은 7월경에 하며, 건조하고 햇볕이 잘 드는 돌 밑에 4-5개 정도의 알을 낳는다. 알의 형태는 타원형이며, 흰색이고 알 껍질이 단단하지 않은 편이다. 알의 크기는 약10㎜×5㎜정도이다.
5. **서식지:** 산림지역

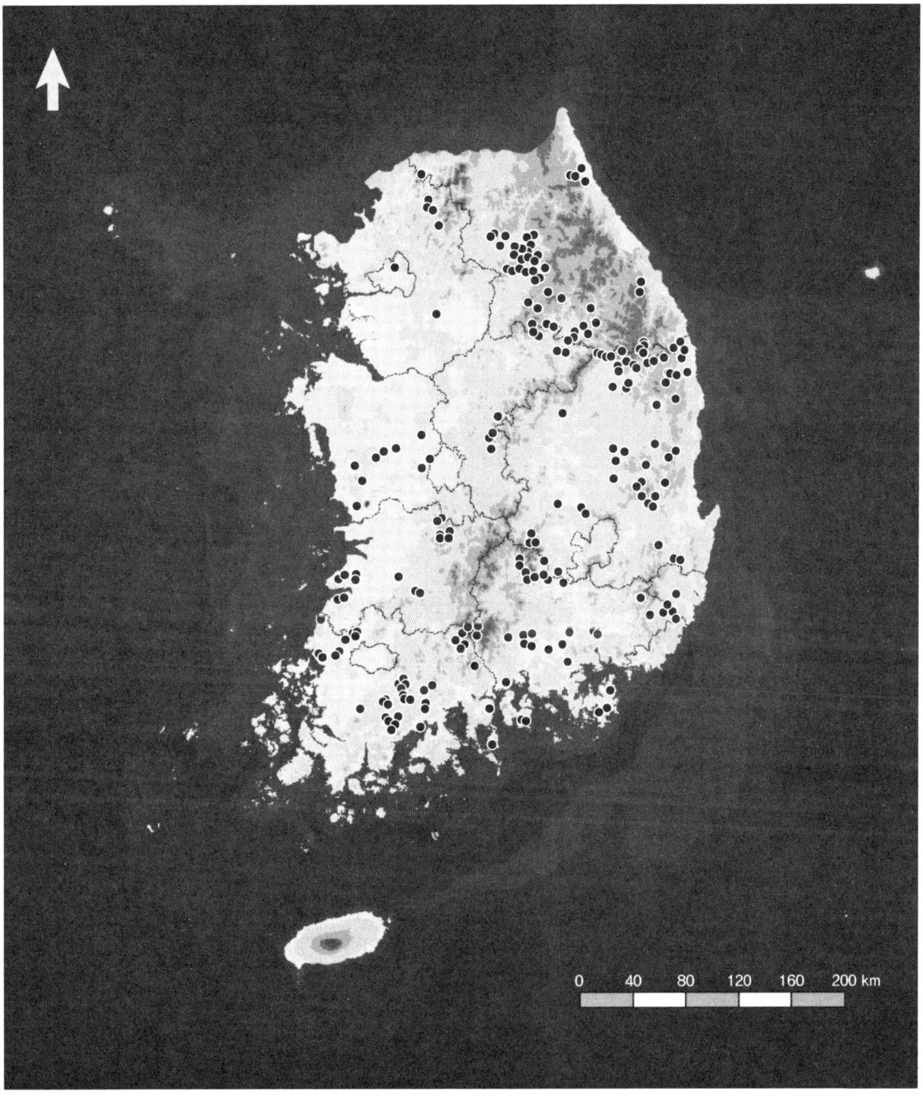

지도 28 아무르장지뱀의 분포도

Plate 26

줄장지뱀 *Takydromus wolteri* (Fischer, 1885)

1. **영명:** Wolter lizard
2. **분포:** 덕유산, 지리산, 한려해상국립공원, 금산, 금오산, 제주도 등 전국적으로 분포하는 것으로 알려져 있다.
3. **형태적 특징:** 등면은 회갈색 또는 올리브색이며, 눈 쪽에서 시작되는 흰색 선은 몸통 측면을 따라 꼬리까지 이어진다. 몸통과 꼬리는 가는 편이고, 꼬리의 길이가 몸통 길이의 2배에 달한다. 코끝판과 주둥이판이 위 · 아래로 접합되어 있는 것이 특징이며, 등 비늘에 강한 용골을 가지고 있다. 서혜인공은 1쌍으로 아무르장지뱀에 비해 서혜인공 수에 대한 편이 폭이 적은 것으로 알려져 있다.
4. **생태:** 주로 4월부터 동면에서 깨어나 활동을 시작하며, 5월경에 교미행동을 하고 6월부터 7, 8월까지 산란하는 개체가 관찰된다. 알은 초지의 덤불 속, 흙바닥 또는 돌틈에 낳고, 약 1㎝ 미만으로 흙을 덮는 습성을 가진다. 알의 크기는 약 10㎜×5-6㎜ 정도이다. 보통 4-5개의 알을 산란하고, 색은 흰색이다. 먹이는 거미류, 귀뚜라미 등 작은 육상곤충을 먹고, 낮에 햇볕이 잘 드는 곳에서 일광욕을 하다가 사람이나 포식자가 나타나면 수풀 속이나 몸을 숨길 수 있는 굴 등을 찾아서 숨는 경향이 있다. 지역에 따라 차이가 있지만 중부지역에서는 10월 중순이면 대부분의 개체가 땅 속의 굴을 찾아 동면에 들어간다.
5. **서식지:** 일반적으로 저지대 초지에서 서식하지만, 산림이 형성된 저지대에서도 관찰된다.

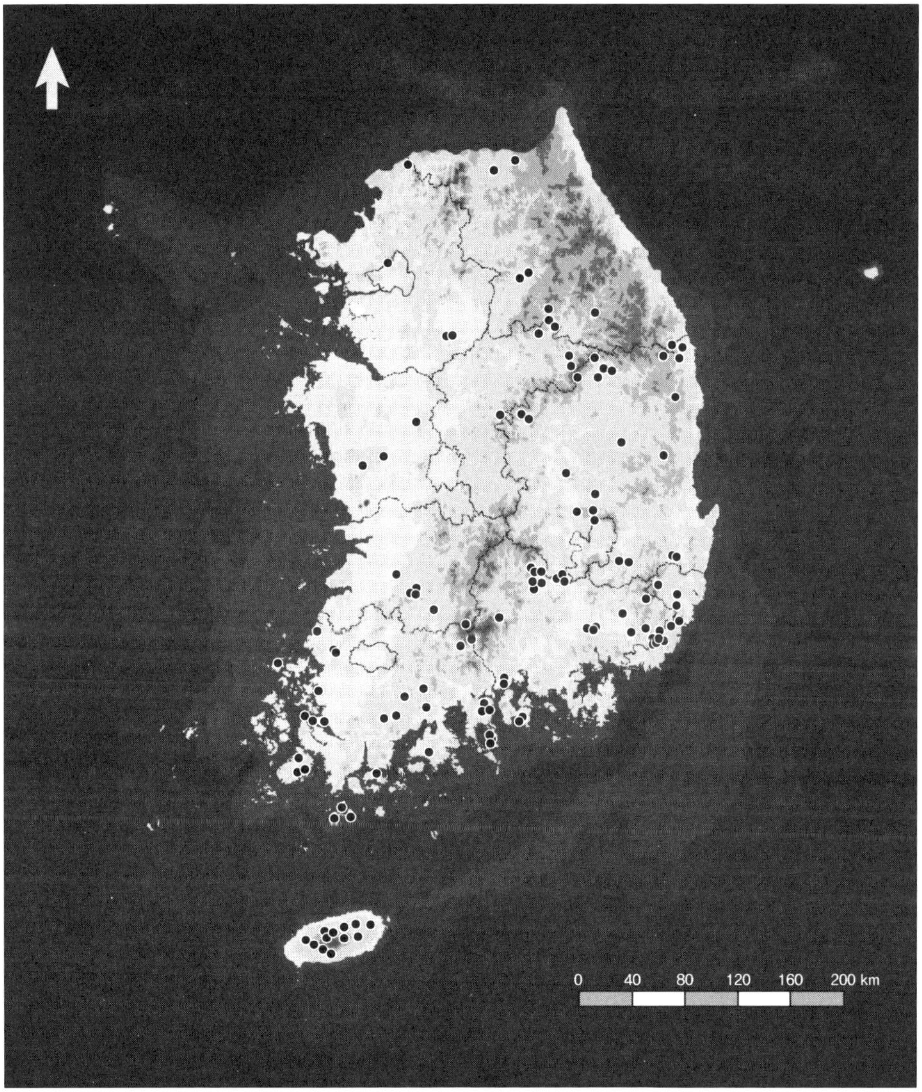

지도 29 줄장지뱀의 분포도

Plate 27

표범장지뱀 *Eremias argus* Peters, 1869

1. **영명:** Mongolian racerunner
2. **분포:** 영종도, 신두리 해안사구, 춘장대 해수욕장 등 서해안에 많이 분포하며, 한강에 형성된 모래사구, 강원도 설악산, 경상남도, 경상북도의 일부지역에서 관찰된다.
3. **형태적 특성:** 머리는 큰 편이며 등 면의 전체적은 색은 회갈색이고 몸통에 반문이 선명하다. 각각의 반문은 짙은 암갈색에 흰색의 점으로 구성되어 있으며 몸통에서 꼬리까지 나타난다. 등 비늘 열이 관찰되지 않으며, 배 부분은 흰색이다. 발톱이 날카롭고 길게 발달해 있으며, 보통 서혜인공의 수가 11쌍인 것이 대부분이지만, 약간의 변이가 있는 것으로 알려져 있다. 암컷과 수컷의 형태적인 성적이형이 있는데, 일반적으로 수컷이 암컷에 비하여 머리 폭이 넓고 꼬리가 길 것이 특징이다.

표. 표범장지뱀의 외부형태 측정

성별	개체수	체장	미장	두장	두폭	몸무게
암컷	N=41	48.6	54.3	11.2	7.0	2.9
수컷	N=50	48.9	61.7	12.6	7.4	3.1

4. **생태:** 우리나라에서는 4월부터 관찰되기 시작하며 주로 모래사구에 많이 서식하지만, 모래사구뿐만 아니라 초지, 산림지역에서도 관찰된다. 6-7월에 산란하며, 모래 속 약 20㎝정도 깊이에 굴을 파고 알을 낳는다. 한번에 4-6개 정도의 알을 낳고 알의 크기는 줄장지뱀이나 아무르장지뱀의 알보다 크며 약 12㎜×8㎜ 정도의 타원형이다. 작은 육상곤충이나 애벌레 등을 먹고 생활한다. 동면은 10월경부터 시작된다.
5. **서식지:** 초지, 모래사구, 경작지, 산림지역 등

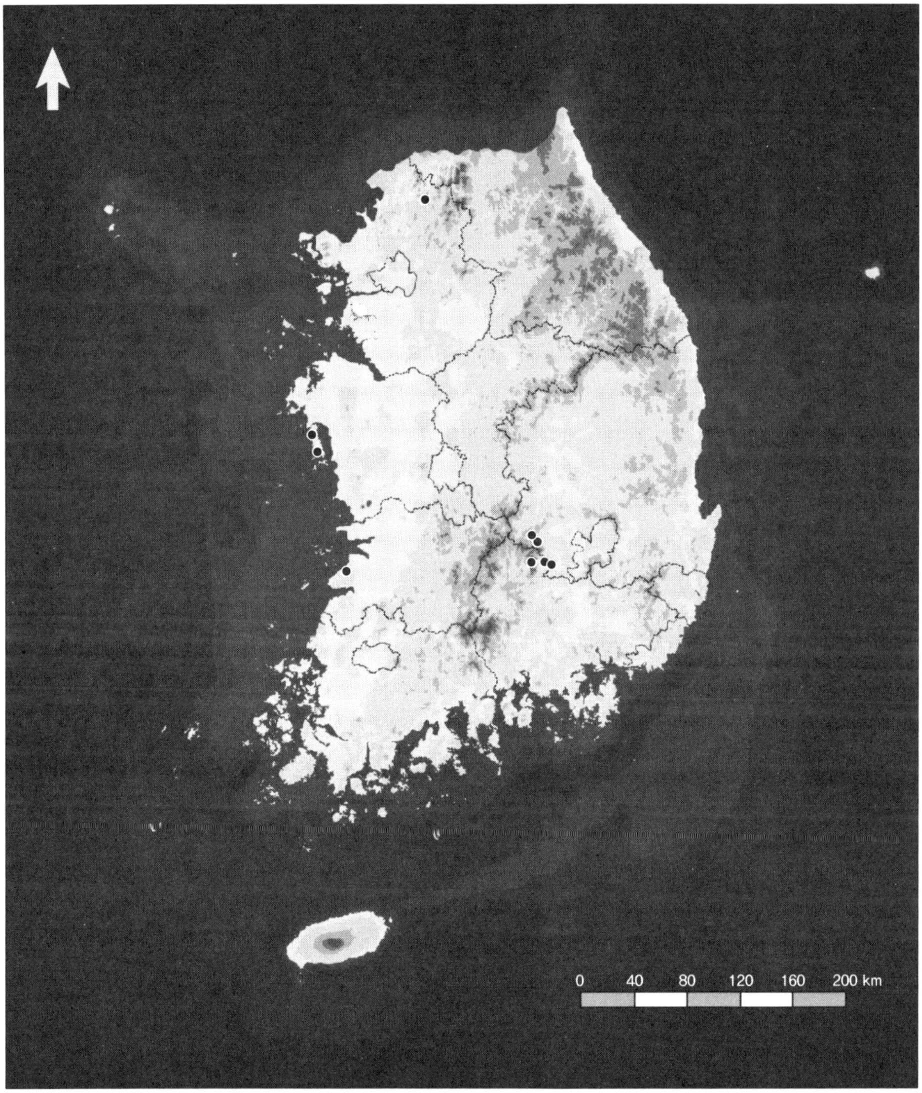

지도 30 표범장지뱀의 분포도

Plate 28

무자치 *Elaphe rufodorsata* (Cantor, 1842)

유린목 Squamata | 뱀과 Colubridae

1. **영명:** Water snake
2. **분포:** 계룡산, 덕유산, 속리산, 지리산, 태백산, 태안해안국립공원, 가리산, 가제산, 가학산, 갑산, 광덕산, 금오산, 금정산 등 제주도를 제외하고 전국적으로 분포한다.
3. **형태적 특징:** 머리 측면은 적갈색, 몸통은 암갈색이고 머리판에는 짙은 흑갈색의 V자 모양이 나타난다. 몸통에 용골이 없다. 무자치의 배 비늘의 수는 161-184개(평균 171개)이며, 꼬리비늘의 수는 30-62개(평균 55개)이다. 등 비늘 행의 수는 머리 쪽이 주로 19개(범위 17-21개) 꼬리 쪽은 주로 23개이다. 배에는 바둑판 같은 무늬가 교차되어 목 부분부터 꼬리 끝까지 띄고 있으며, 등에는 다이아몬드 형의 작은 무늬들이 목에서부터 꼬리까지 나란히 분포하고 있다.

표. 무자치의 외부형태 측정

성별	개체수	체장	미장	두장	두폭	몸무게
암컷	N=1	757	133	22.97	13.02	-

4. **생태:** 무자치는 한국산 사류 가운데 민물에서 생활하고 있는 종으로 독이 없으며, 난태생을 하고 동면과 가을에 새끼를 낳을 때만 육상생활을 하고 대부분 생활 장소는 물가, 물이 고여 있는 논이며, 여름철에 더위가 심해지면 물속 바위에서도 생활한다. 먹이는 참개구리, 청개구리와 같은 개구리류를 잡아먹기도 하고, 논 주변에 서식하는 소형 설치류 등도 잡아먹는다. 교미는 5월경에 시작하며 8월경에 논, 밭, 야산 등에 11-14마리의 새끼는 낳는다(강과 윤 1975; 백과 심 1999; 심2001). 새끼는 강변에 풀이 있고 돌담이 섞여 있는 곳에다 낳는다. 새끼를 낳고 며칠 후에 교미가 시작되고 10월 하순에서 11월 초순에 기온이 10℃이하로 낮아지면 여러 마리가 같은 땅속으로 들어간다.
5. **서식지:** 저지대 논, 수로, 웅덩이, 저수지 등

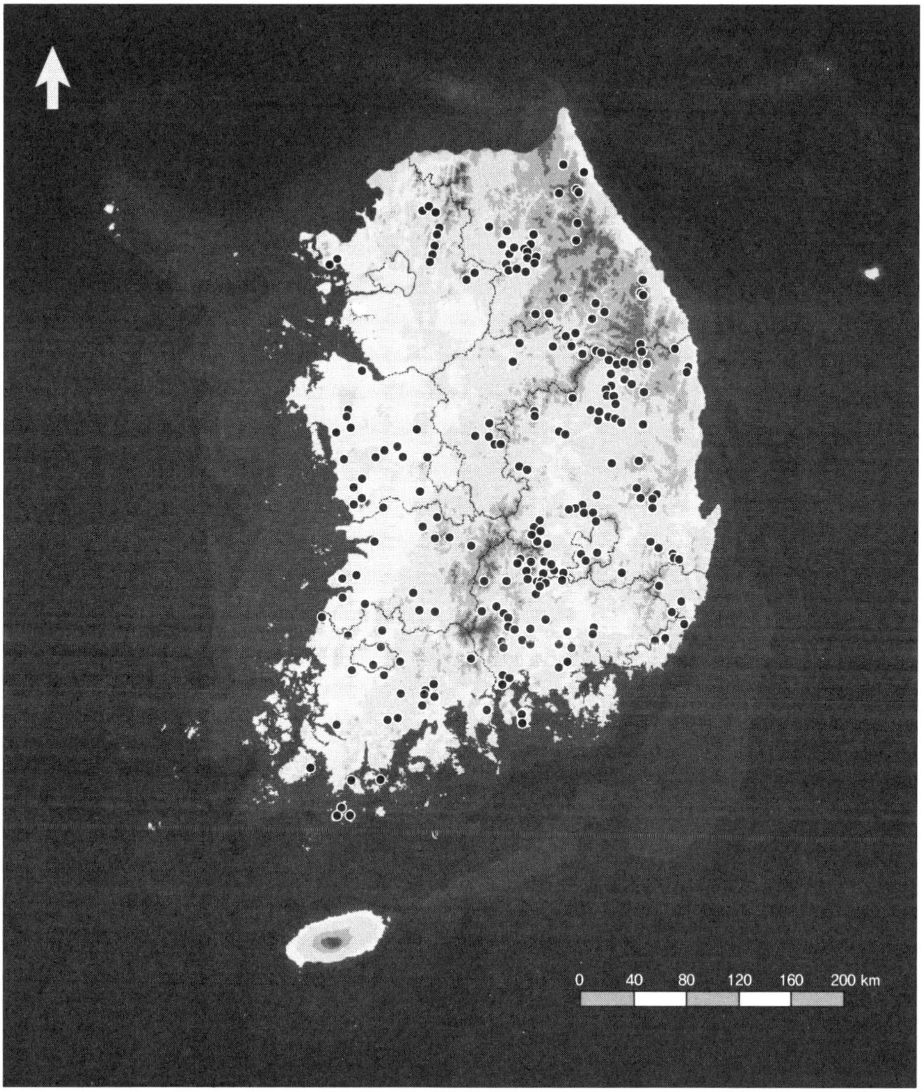

지도 31 무자치의 분포도

Plate 29

누룩뱀 *Elaphe dione* (Pallas, 1773)

1. **영명:** Cat snake
2. **분포:** 설악산, 북한산, 덕유산, 오대산, 계룡산, 오대산, 태안해안국립공원, 한려해상국립공원, 내장산, 지리산 등 전국적으로 분포한다.
3. **형태적 특징:** 몸통 전체적으로 암갈색을 띄며 적갈색의 점무늬가 산재해 있다. 턱판은 흰색이며, 배부분은 불규칙한 점 무늬가 산재해 있다. 눈 옆에는 적갈색의 띠가 존재하고, 윗턱판은 노란빛을 띤다. 배 비늘의 수는 188~206개(n=11, 평균 195개)이며, 꼬리비늘 수는 52~82개 (평균 59개)이다. 등 비늘 행수는 보통 17개 내외이며 꼬리 쪽은 21개 정도이다. 등에는 가로무늬가 목부터 꼬리까지 나타난다.

표. 누룩뱀의 외부형태 측정

성별	개체수	체장	미장	두장	두폭	몸무게
암컷	N=3	475.7	93.7	19.1	9.7	30.2
수컷	N=9	598.4	138.4	23.8	11.9	75.6

4. **생태:** 4월 중순부터 나타나며, 저지대 경작지부터 산림지역까지 다양한 지역에서 관찰된다. 주요 먹이는 개구리류, 소형 설치류, 새알 등을 먹으며 생활을 한다. 5-6월경에 교미를 하며, 7, 8월경에 6-15개 정도의 알을 낳는다. 알의 크기는 50㎜×20㎜ 전후이며, 흰색이고, 중량은 8-14g 정도이다. 동면은 다른 종에 비해 늦는 편이며, 11월에 동면을 한다(Ji et al. 1987).
5. **서식지:** 경작지, 마을주변, 산림지역 등

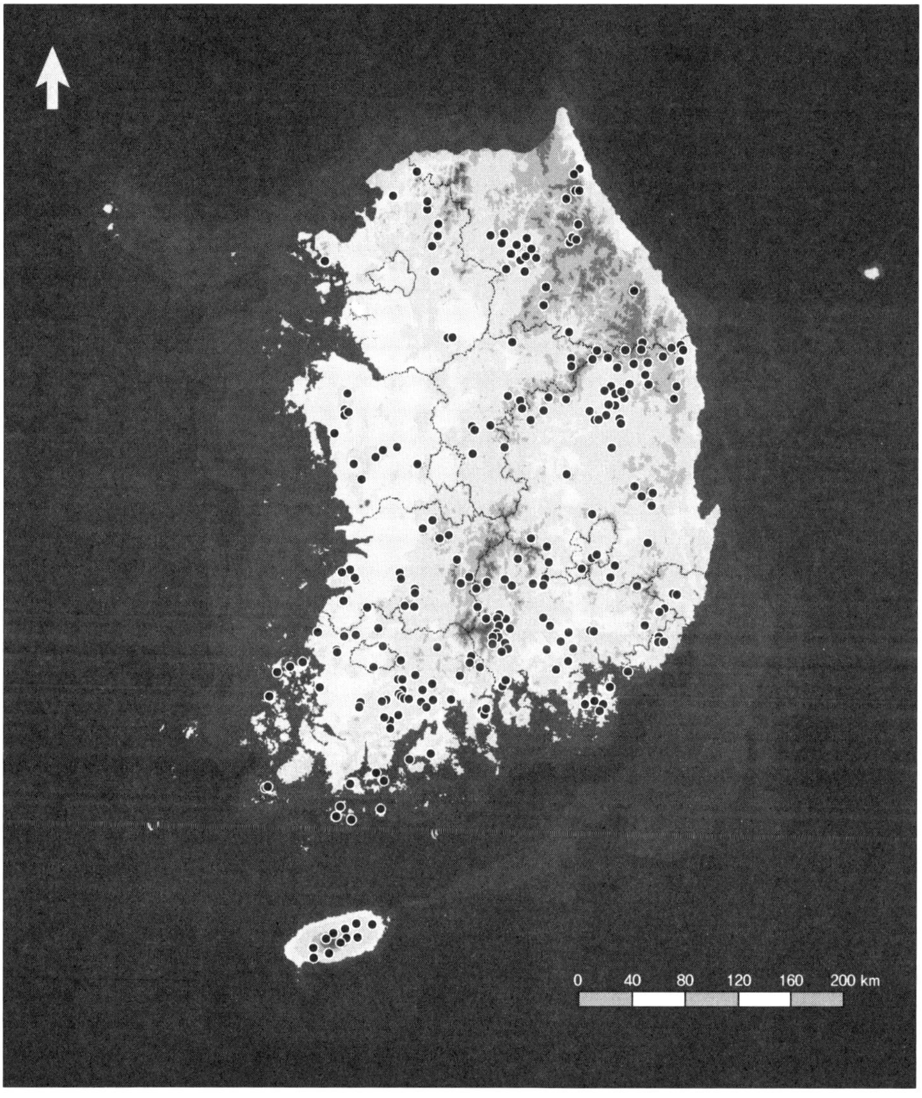

지도 32 누룩뱀의 분포도

Plate 30

구렁이 *Elaphe schrenckii* (Strauch, 1873)

1. **영명:** Rat snake
2. **분포:** 설악산, 월악산, 지리산, 태안해안국립공원, 가리산, 대룡산, 바위산, 백마산, 백암산, 영취산, 오음산, 운악산, 칠갑산 등 전국적으로 분포하나 최근 서식지 파괴, 밀렵으로 개체수가 현저히 줄어든 상태이다.
3. **형태적 특징:** 구렁이의 경우 윗입술판은 8장, 안전판과 안후판이 모두 2장씩, 몸통 비늘열은 23-25열, 배비늘 수는 208-221장, 꼬리 배비늘의 수는 61-70장이며, 2개의 아종관계인 먹구렁이와 황구렁이의 형태적 차이는 없는 것으로 알려져 있다. 보통 몸빛은 변이가 심하며 등면은 녹색을 띈 황갈색으로 중앙에서부터 점차로 흑갈색의 가로 무늬가 뒤쪽에서 뚜렷하여 진다. 배는 연한 황색이고 흑색 점 무늬가 산재하는 우리나라 뱀중 가장 큰 대형 종이다.
4. **생태:** 연중 대부분은 돌담이나 섬축, 돌틈, 굴속에서 살다가 4월 중순경 기온이 10℃이상이 되면 돌틈 사이에서 나와 먹이를 찾아 섭취하고 다시 담속으로 들어가 5월 중순에서 하순에 돌담 위나 섬축 돌 사이에서 교미가 이루어지는데 암수는 새끼줄 모양으로 꼬이게 된다. 이들은 산림지역, 경작지, 물가, 인가 주변에서 서식을 하며, 쥐, 새, 새알 등을 먹으며 생활한다. 7월에서 8월경에 6-21개 정도의 알을 낳는다. 알의 크기는 40-60㎜×28-30㎜ 정도이다. 알이 무게는 18-28g 정도이며, 부화기간은 45일에서 60일정도 소요된다. 갓 태어난 개체는 270-350㎜ 정도이고 무게는 8-18g 정도이다(Zhao 1998). 또한 최근 황구렁이의 행동권 면적 연구에서 최소 4.5㏊에서 치대 84.5㏊의 행동권을 가지는 것으로 나타났다.
5. **서식지:** 산림지역, 경작지, 물가, 인가 주변

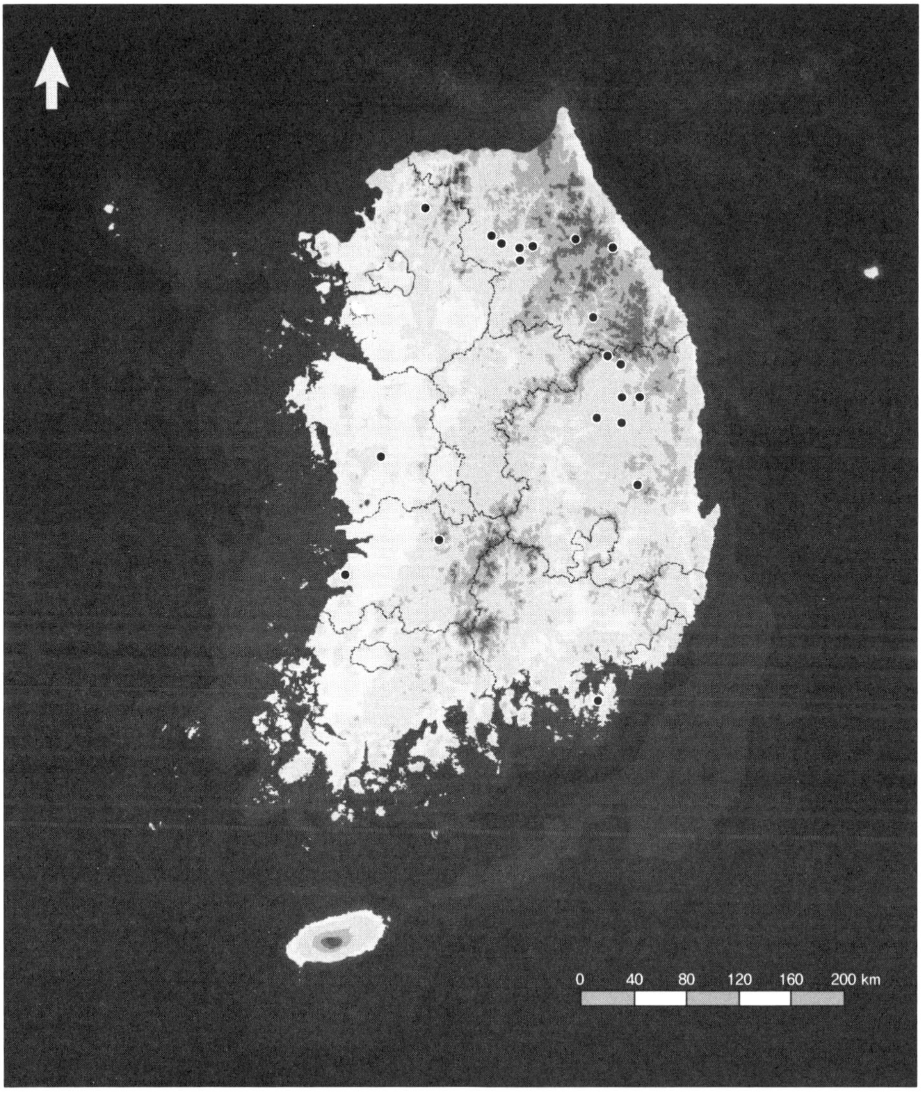

지도 33 구렁이의 분포도

Plate 31

유혈목이 *Rhabdophis tigrinus* (Boie, 1826)

1. **영명:** Red-sided water snake
2. **분포:** 계룡산, 내장산, 덕유산, 북한산, 설악산, 오대산, 월악산, 지리산, 치악산, 태백산, 태안해안국립공원, 한라산, 한려해상 등 전국적으로 분포하는 것으로 알려져 있다.
3. **형태적 특징:** 머리는 짙은 녹색이며 주둥이는 둥근 편이다. 턱판 비늘에 검은색의 비늘이 있으며, 몸통 전체에 녹색 빛을 띠며 검은색 줄무늬와 몸통 중간 중간에 붉은색이 나타난다. 주둥이는 짧고 너비가 넓으며, 주둥이 끝판은 너비가 넓으며, 아래쪽은 깊게 패어 들어간다. 주둥이 끝에서 윗머리판의 뒤쪽 끝까지의 기이는 눈 사이 거리의 2배보다 크다. 몸 전체에 강한 용골을 가지고 있으며, 몸통 전체가 녹색 빛을 띠고 붉은 점무늬가 산재해 있다. 어금니쪽에 스테인레스 색의 2~3㎜ 길이의 독니가 존재한다.

표. 유혈목이의 외부형태 측정

성별	개체수	체장	미장	두장	두폭	몸무게
암컷	N=1	674	167	26.11	13.57	70.9
수컷	N=2	565.0	168.0	21.0	10.8	52.7

4. **생태:** 주로 4-5월부터 관찰되기 시작하며 하천 주변, 경작지, 초지, 산림 지역 등 다양한 곳에 서식을 한다. 먹이는 개구리류나 설치류 등을 잡아먹고 생활을 하며 낮에 많이 활동을 한다. 짝짓기는 보통 9~10월경에 이루어지며, 이듬해 6~7월경에 덤불 속이나 풀 속에 10-30개 정도의 알을 낳는다. 알의 크기는 약 40㎜×25㎜ 정도의 타원형이며, 부화 기간은 30-40일 정도 소요된다. 과거에는 독이 없는 종으로 알려졌으나, 실제로 이 종은 머리 뒤쪽으로 스테인레스 색과 동일한 3~4㎜ 길이의 독니를 가지고 있으며, 위협을 느낄 경우 몸을 세우고 방어 자세를 취하거나 죽은 척하는 습성이 있다.
5. **서식지:** 하천, 경작지, 초지, 산림 지역 등 다양하다.

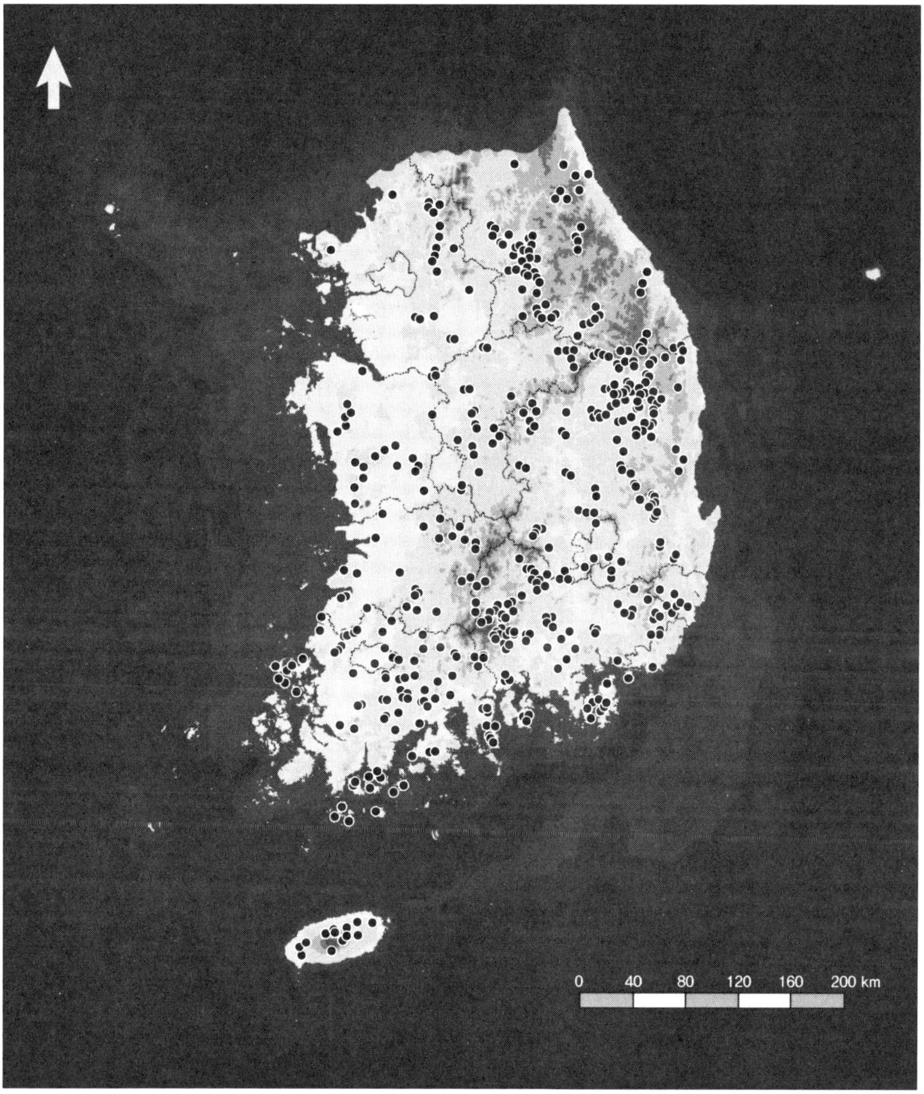

지도 34 유혈목이의 분포도

Plate 32

대륙유혈목이 *Amphiesma vibakari ruthveni* (VanDenburgh, 1923)

1. **영명:** Asian keelback snake
2. **분포:** 내장산, 덕유산, 설악산, 오대산, 월악산, 지리산, 치악산, 태안해안 국립공원, 한라산 등 전국적으로 분포하지만, 남쪽으로 갈수록 개체수가 많은 편이다.
3. **형태적 특징:** 머리는 암갈색이며, 크기가 작은 편이다. 혀는 옅은 붉은색이며, 윗턱판이 흰색이기 때문에 측면에서 보면 얼굴 측면에 흰색 선이 나타나는 것처럼 보인다. 아래턱판과 배비늘은 흰색이다. 몸의 등쪽은 암갈색이고 머리와 중앙선은 다소 흑갈색을 띈다 배는 목 앞쪽은 황색이고 몸통과 꼬리는 흑갈색의 작은 반문이 있으며 등비늘에는 용골이 있고, 배비늘 측면에는 점 무늬가 존재한다.

표. 대륙유혈목이의 외부형태 측정

성별	개체수	체장	미장	두장	두폭	몸무게
암컷	N=1	394	69	15.53	7.36	25.3
암컷	N=1	417	129	15.91	10.07	37

4. **생태:** 우리나라에 서식하는 종 매우 작은 편으로 보통 400~700㎜ 정도이며, 독을 가지고 있지 않고 순한 편이다. 물가나 작은 연못 주변에서 많이 서식하고 저녁이나 날씨가 좋지 않을 때에도 잘 활동한다. 헤엄을 잘 치는 편이고, 같은 지역에 있는 다른 파충류에 비하여 건조함과 추위에 약한 편이다. 먹이로는 개구리, 올챙이, 어류 등이 있다. 7~8월에 2개에서 10개 정도의 알을 낳고, 동면은 10월 초부터 시작되고, 이듬해 5월부터 다시 활동한다.
5. **서식지:** 물가, 산기슭 등

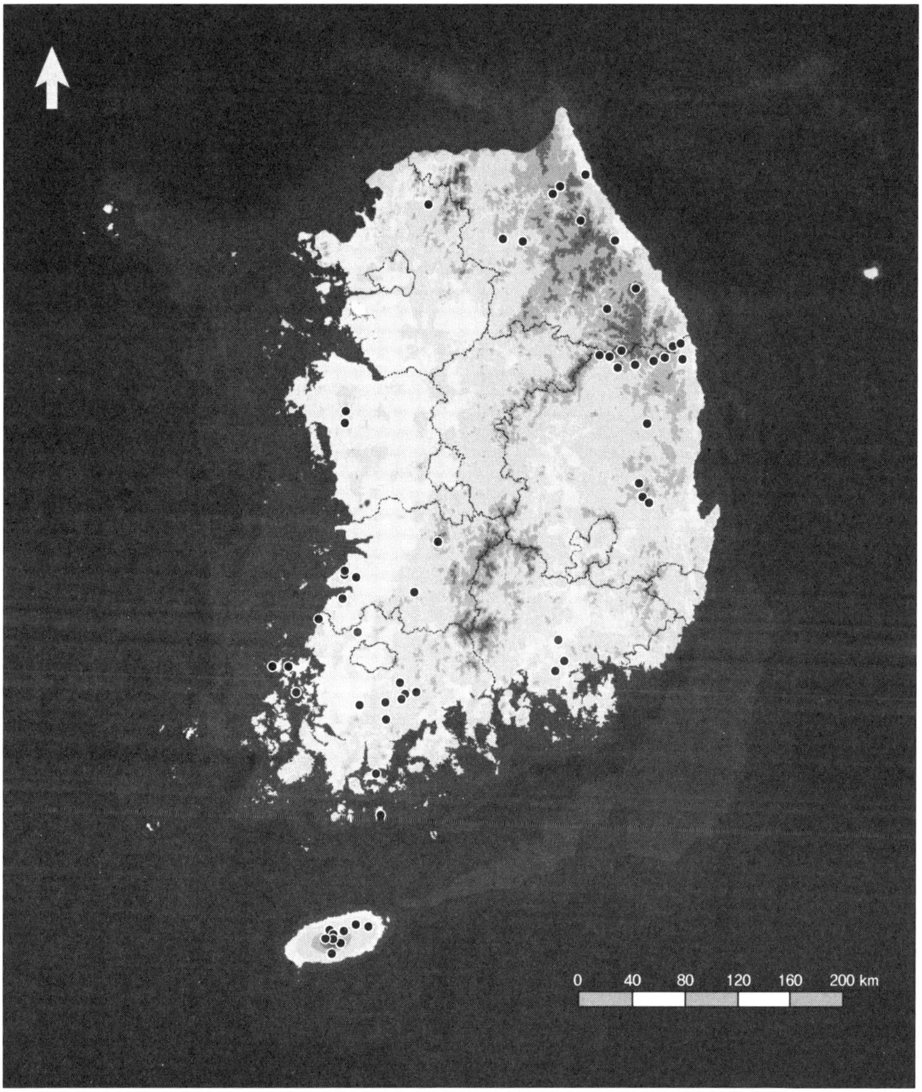

지도 35 대륙유혈목이의 분포도

Plate 33

비바리뱀 *Sibynophis chinensis* (Günther 1889)

1. **영명:** Black headed snake
2. **분포:** 제주도
3. **분포지역:** 아라동, 송악산, 수망리, 제주종합운동장, 거문오름, 고성리 등
4. **형태적 특징:** 채색은 배면이 광택이 나는 갈색이다. 두부는 암갈색 바탕에 2개의 흑색횡대가 있으며, 그 일대는 안상판 및 액판의 후단과 두정판의 선단이 존재하고 다른 일대는 제일대에서 간격을 두고 두정판의 후방에서 경부를 거쳐 체린의 제8열까지 폭이 넓은 흑색횡대가 있으며, 또 제2의 흑대가 체린의 8열의 정중선에서 가늘고 길게 마치 꼬리 같은 흑색 반문을 이루고 있다. 배면은 인두판 부근에 회색의 흑반이 산재하고 있을 뿐만아니라 그 이외는 담황백색이다.
5. **생태:** 비바리뱀이 관찰되는 시기는 5~10월이며, 특히 5~7월 초순경에 관찰빈도가 높게 나타난다. 또한, 한라산 식생의 수직분포로 볼 때 초지대(해발 600m 이하의 지역)에 해당하는 곳으로 오래전부터 방목지나 목장으로 이용된 지역이다. 주요 먹이원은 도마뱀류로 알려져 왔으며, 비바리뱀 발견지역의 식생은 참억새, 띠, 솔새, 개솔새, 진디 등의 초본식물과 청미래덩굴, 찔레꽃, 보리수나무, 국수나무 등의 관목들이 대표적으로 출현하고 있다(김과 오 2005). 고도별 분포는 0~600m이내에서 주로 분포하는 것으로 알려져 있다.
6. **서식지:** 초지대 관목림, 인가주변, 경작지

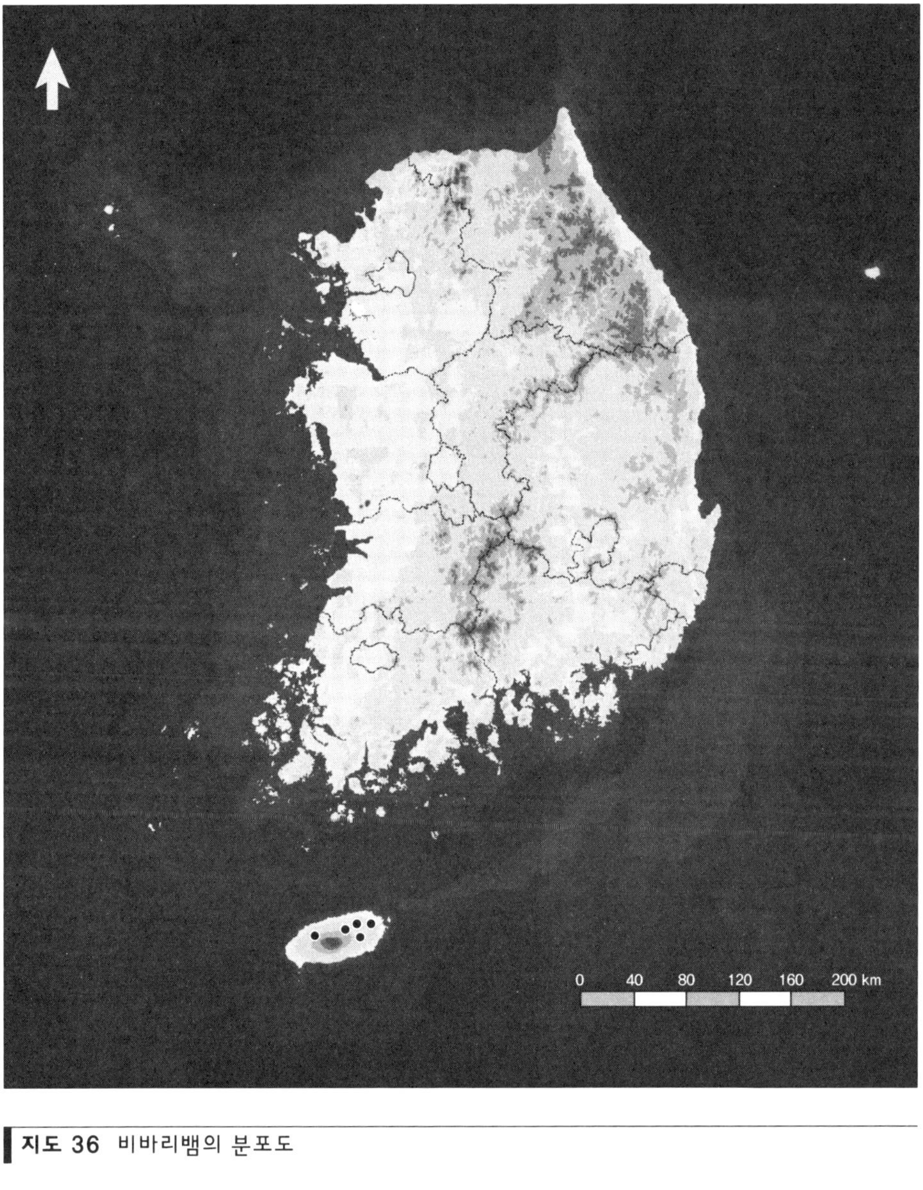

지도 36 비바리뱀의 분포도

Plate 34

능구렁이 *Dinodon rufozonatus* (Cantor, 1842)

1. **영명:** Red banded snake
2. **분포:** 계룡산, 내장산, 덕유산, 북한산, 설악산, 월악산, 지리산, 치악산, 태백산, 태안해안국립공원, 한려해상국립공원 등 제주도를 제외하고 전국적으로 분포한다.
3. **형태적 특징:** 머리는 넓고 흑색이며, 주둥이 끝은 둥글고 꼬리는 가늘며 뾰족하다. 등 부분에는 59개, 꼬리에는 19개의 검은 띠가 존재하고 몸통 측면에 있는 검은색 띠에 3~5개의 비늘 줄이 있는데 이 비늘 줄은 배비늘 바깥쪽으로 가면서 검은 무늬가 있다. 등면 검은 무늬의 길이는 보통 비늘 3개의 길이와 같고 너비 9개 비늘 너비와 같다. 몸 비늘은 편평하고, 등 비늘은 보통 19줄, 등쪽은 17줄, 뒤쪽은 15줄 정도이다. 배비늘은 204개 정도이며, 꼬리비늘은 53쌍이다.
4. **생태:** 능구렁이는 주로 야산, 경작지 등에서 많이 발견되며, 논 주변이나 습한 지역에서도 발견되는 경우가 있다. 낮 보다는 야간에 많이 활동하는 야행성이지만, 낮에도 가끔씩 관찰된다. 특히 이러한 습성 때문에 야간에 차량에 의해 치어 죽는 경우가 많은 편이며, 10월 중순에 동면을 하고 이듬해 4월경부터 활동한다. 알은 대략 10개 정도 산란하고 약간 추운 곳에서도 활동한다. 주요먹이는 개구리, 쥐, 작은 새, 다른 종류의 뱀, 작은 어류 등을 잡아먹고 난생을 한다(Nakamura and Uéno 1976).
5. **서식지:** 농경지, 경작지, 민가주변, 야산 등

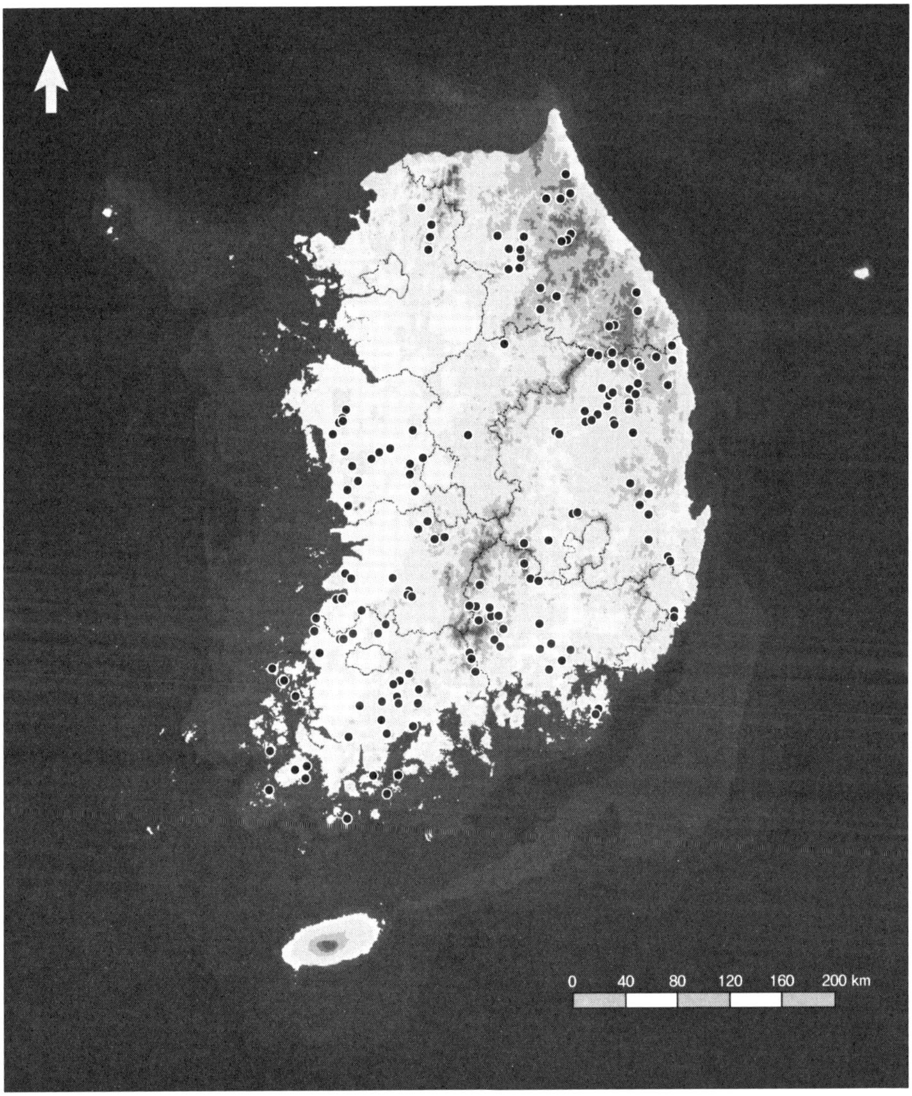

지도 37 능구렁이의 분포도

Plate 35

실뱀 *Coluber spinalis* (Peters, 1866)

1. **영명:** Tape snake
2. **분포:** 지리산, 가리산, 금오산, 불모산, 비계산, 비룡산, 시오름, 신어산, 첨찰산 등 전국적으로 분포하나 중부지역보다는 남부지역에 다수의 개체가 서식한다.
3. **형태적 특징:** 머리는 길고 목 부분보다 약간 굵으며 몇 개의 흑색 반점이 있다. 머리판 가운데는 검은색이며 가장자리에 황백색이 돈다. 정수리판에서 시작되는 황백색의 선은 꼬리까지 이어진다. 배면은 턱에서부터 꼬리까지 선명한 황백색이며, 배비늘 측면과 등비늘이 인접한 부분에 검은 점무늬가 존재한다. 몸통에 용골이 존재하지 않고 항문판은 2개로 나누어져 있다.

표. 실뱀의 외부형태 측정

성별	개체수	체장	미장	두장	두폭	몸무게
암컷	N=5	395.2	126.4	15.6	7.1	20.7
수컷	N=8	488.1	180.0	19.2	9.3	38.4

4. **생태:** 4월부터 관찰되기 시작하며, 주로 밭이나 잔디, 돌이 약간 있는 산에서 서식하며, 개구리류, 도마뱀류, 지렁이 등을 포식한다. 5월에 교미를 하고 8월에 주로 모래나 토사지역에 8~12개의 알을 낳는데, 알의 크기는 38㎜×11㎜정도이다. 보통 동면은 10월 중에 하는 것으로 알려져 있다(원 1971; Ji et al. 1987).
5. **서식지:** 야산, 초지, 농경지, 하천 주변 등

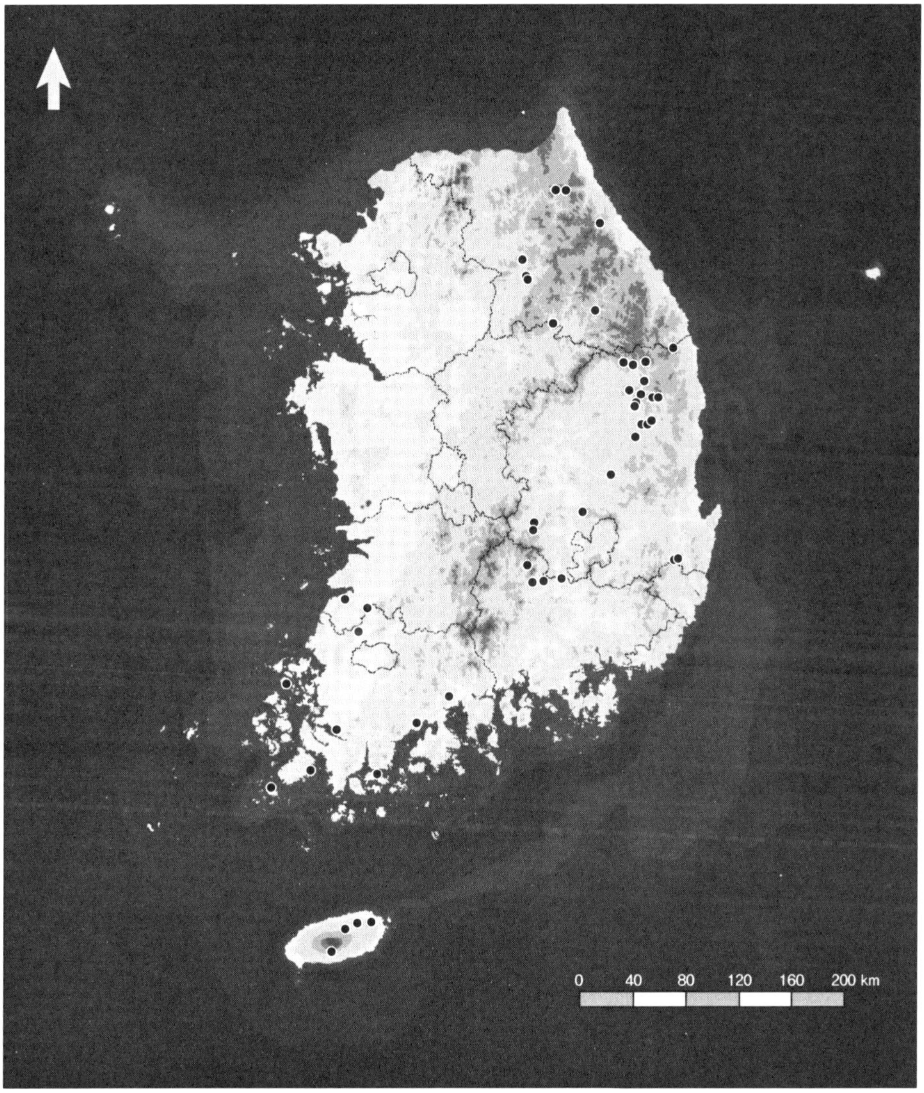

지도 38 실뱀의 분포도

Plate 36

쇠살모사 *Gloydius ussuriensis* (Emelianov, 1929)

유린목 Squamata | 살모사과 Viperidae

1. **영명:** Red-tongue viper snake
2. **분포:** 전국적으로 분포한다.
3. **분포지역:** 계룡산, 내장산, 덕유산, 북한산, 설악산, 오대산, 월악산, 지리산, 치악산, 태안해안국립공원, 한려해상국립공원, 가리산, 금오산, 능화오름 등 전국적으로 분포한다.
4. **형태적 특징:** 전체적으로 암갈색을 띠며, 살모사처럼 눈 옆에 흰색의 선이 존재한다. 뺨 부분은 짙은 암갈색이 나타나며, 윗턱판은 옅은 암갈색이기 때문에 윗턱판, 뺨부분, 머리부분의 색이 구별된다. 아래턱 끝판에 살모사와 다르게 검은색 무늬가 존재하지 않으며, 몸통에는 용골이 매우 발달해 있다. 꼬리는 몸통색과 같거나 붉은색을 띄고 혀 색은 옅은 분홍색이다. 등부분에 흑색의 가로 무늬가 나타나나 변이가 매우 심하다.
5. **생태:** 주로 경작지, 낮은 산지, 산림지역 등에서 많이 발견되고, 돌 밑에 숨어 있는 개체를 목격할 수 있다. 동면은 10월 초부터 이듬해 5월 중순까지이고, 개구리, 지네, 물고기, 도마뱀, 뱀 등을 먹으며 생활한다. 난태생이며, 보통 8~9월경에 새끼를 낳고 한번에 2~10개 정도의 새끼를 낳는다. 갓 태어난 새끼의 크기는 보통 172~216㎜ 정도이다(Ji et al. 1987; Zhao 1998).
6. **서식지:** 경작지, 낮은 산지, 산림지역 등

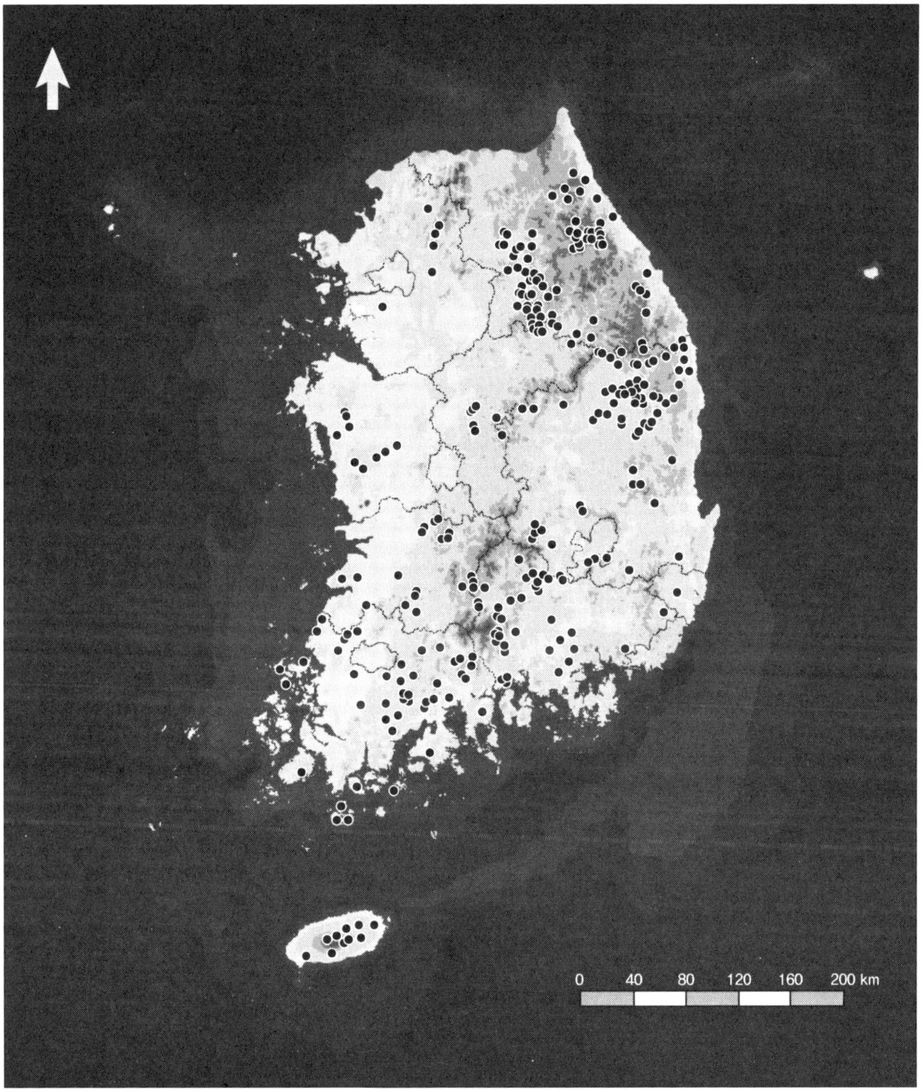

지도 39 쇠살모사의 분포도

Plate 37

살모사 *Gloydius brevicaudus* (Stejneger, 1907)

1. **영명:** Viper snake
2. **분포:** 계룡산, 덕유산, 북한산, 설악산, 오대산, 월악산, 지리산, 태안해안국립공원, 한려해상국립공원, 감악봉, 광덕산, 금오산, 무등산 등 제주도를 제외한 전국에 분포한다.
3. **형태적 특징:** 전체적으로 흑갈색을 띠며, 마치 눈썹같이 눈 옆쪽으로 1줄의 흰색선이 1줄의 비늘판에 존재한다. 혀 색은 검은 색이며, 동공은 세로방향으로 길쭉하며, 아래턱 끝판에 검은색 무늬가 존재한다. 등 비늘에 강한 용골이 존재하며, 반원모양, 또는 불규칙한 흑갈색의 무늬가 존재한다. 보통 꼬리가 노란색인 경우가 많다.
4. **생태:** 살모사는 주로 평지나 구릉 등지에서 많이 관찰되며, 이러한 서식환경에서 동면한다. 4월부터 활동하는 개체가 관찰되며, 10월 중순이면 동면에 들어간다. 낮과 밤에 모두 활동을 하며, 물고기, 개구리, 도마뱀, 뱀 등을 포식하면서 생활한다. 또한, 가장 많이 활동하는 시기는 5~6월과 10월이다. 이들은 난태생이며, 5월에서 9월 사이에 짝짓기를 하고, 8월~9월경에 2~20마리의 새끼를 낳는다. 갓 태어난 개체의 크기는 140~170㎜ 정도이다(Ji et al. 1987; Zhao 1998).
5. **서식지:** 평지, 논두렁, 초지, 구릉 등

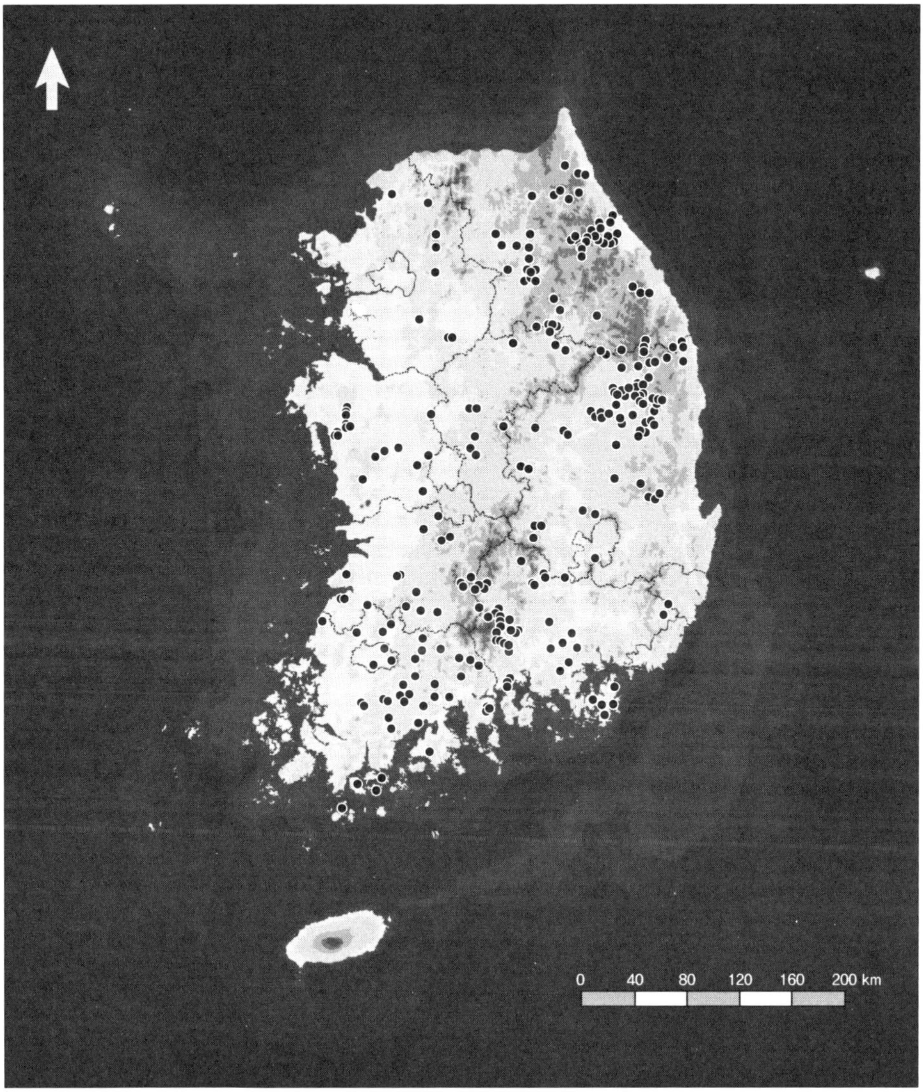

지도 40 살모사의 분포도

Plate 38

까치살모사 *Gloydius saxatilis* (Emelianov, 1937)

1. **영명:** Short-tailed viper snake
2. **분포:** 치악산, 덕유산, 칠갑산, 태백산, 화악산, 고현산, 광덕산 등 제주도 등 일부 섬을 제외하고 전국적으로 분포한다.
3. **형태적 특징:** 살모사나 쇠살모사보다 몸이 크고 굵다. 몸의 등면 바탕색은 올리브색이고 암갈색의 가로 무늬가 있으며, 배면은 대리석상의 무늬가 있다. 정수리에 역V자형의 무늬가 존재하며 눈에서 목까지의 백색선이 전혀 없는 것이 특징이다.
4. **생태:** 산림이 울창한 지역, 산간계류 근처의 돌이나 모래, 낙엽이 있는 곳에 서식하고 밤에 들쥐, 다람쥐, 참개구리 등을 포식하며 건조기에는 계곡의 잡초와 잡목이 있는 곳으로 내려온다. 주로 4~5월 그리고 9~10월경에 많이 활동하며 10월 하순에 동면에 들어간다. 새끼는 한번에 3~8마리 정도 낳고 갓 태어난 새끼는 198~238㎜ 정도이다(Zhao 1998).
5. **서식지:** 산림

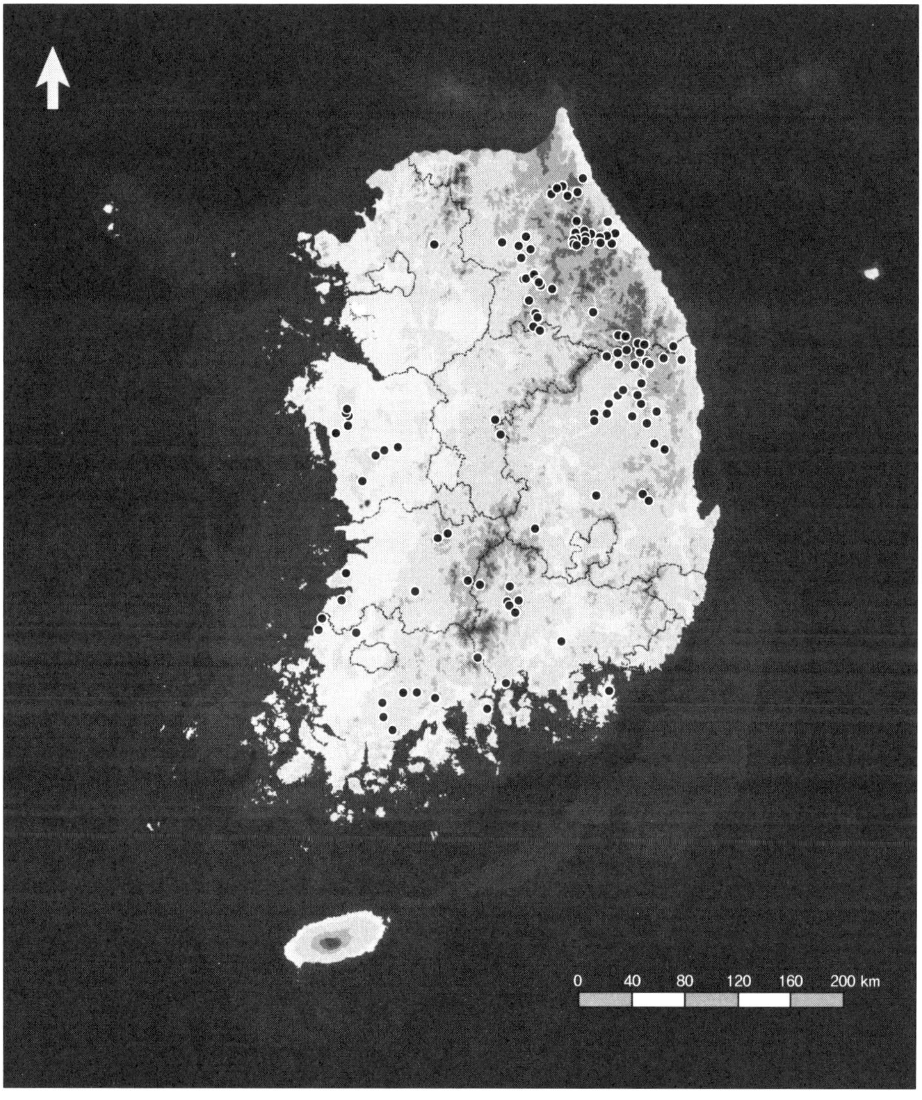

지도 41 까치살모사의 분포도

Plate 39

먹대가리바다뱀 *Hydrophis melanocephalus* (Gray, 1849)

1. **영명:** Black headed sea snake
2. **분포:** 주로 대만, 오키나와 부근에 분포하며 해수의 흐름에 따라 일본의 시코쿠, 혼슈, 홋카이도 및 우리나라에 올라오기도 한다.
3. **형태적 특징:** 약간 작은 편이며, 다른 바다뱀류와 구별되는 것은 머리 부분이 작고 검은 편이며, 눈의 직경은 입에서 눈까지의 길이와 같다. 독은 강한 편이지만, 머리가 작기 때문에 다른 바다뱀류보다 위험성이 적은 편이다. 머리 부분에는 검은 반점이 있으며, 45~70개 정도의 검은 띠가 있으며, 몸은 전체적으로 회황백색이며, 몸의 길이는 80~140㎝정도이고 오키나와 연안에서 발견되고 남쪽으로 갈수록 많이 관찰된다.
4. **생태:** 태생이고 장어처럼 몸통이 가는 어류를 먹는다. 10월에 전장이 38㎝ 정도의 새끼를 출산한 예가 있다.
5. **서식지:** 주로 산호가 발달한 지역에서 관찰된다.

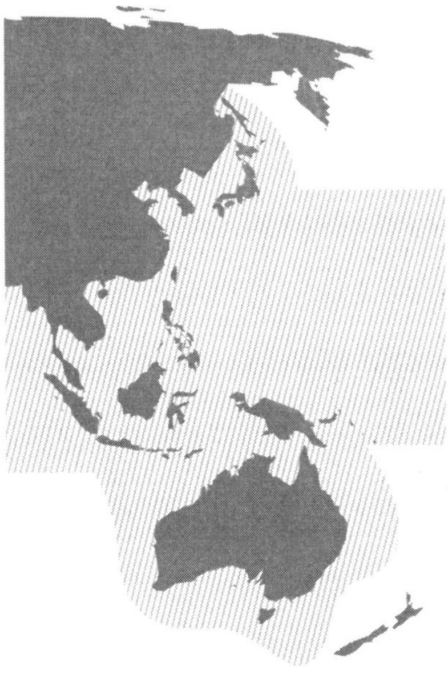

지도 42 먹대가리바다뱀의 분포도

얼룩바다뱀 *Hydrophis cyanocinctus* Daudin, 1803

1. **영명:** Annulted sea snake
2. **분포:** 인도양, 태국, 말레이시아, 필리핀, 일본, 스리랑카, 중국남부, 인도네시아, 뉴기니아, 한국에 분포한다.
3. **형태적 특징:** 몸은 황갈색, 등면에 4-5개 정도의 비늘의 너비로 청록색의 가로 띠가 75개, 꼬리는 8개가 있는데 그 모양이 일정하지 않다. 머리는 녹색을 띤 갈색인데 주둥이 끝에서 옆면에 걸쳐 황갈색 부분이 있다. 몸앞쪽 가는부분의 복면에 청흑색의 세로간 줄이 있다. 몸은 비교적 가늘고 긴데 특히 앞쪽 부분이 가는데 먹대가리바다뱀보다는 가늘지 않다. 코판의 너비가 넓어서 길이는 너비의 1배정도 밖에 되지 않는다. 이마판은 짧아 윗머리판은 이마판보다 뚜렷이 길다. 체장의 길이는 1100-1850㎜정도이다.
4. **생태:** 이 종에 대한 생태정보는 거의 없는 것으로 알려져 있다. 보통 100m 이상 깊은 곳에 잠수할 수 있으며, 숨을 쉬지 않고 약 2시간 정도 버틸 수 있으며, 강력한 독을 이용해서 칠성장어나 형태가 긴 물고기 등을 먹는다. 피부에 움직임을 감지하는 수용기가 있기 때문에 암흑처럼 어두운 지역에서도 쉽게 먹잇감을 잡을 수 있다.
5. **서식지:** 이 종은 따뜻한 물에 서식하고, 보통 암초, 해초 또는 모래로 덮인 얕은 물에 서식한다.

지도 43 얼룩바다뱀의 분포도

Plate 41

바다뱀 *Pelamis platrus* (Linnaeus, 1766)

1. **영명:** Pelagic sea snake
2. **분포:** 아프리카, 마다카스카르, 아라비아, 인도, 호주, 뉴질랜드, 동남아시아, 인도네시아, 일본, 미국까지 매우 넓은 지역에 분포.
3. **형태적 특징:** 몸은 편평하고, 몸통 뒤쪽은 목 직경의 2배 이상이다. 몸의 비늘은 나란하게 49-67 열의 사각형 모양이 배열되어 있으며, 배비늘은 264-406개 정도이며, 크기는 매우 작은 편이다. 머리 폭은 좁고, 코는 길며, 윗입술판이 앞쪽 머리판과 접해있다. 등 부분은 흑갈색이며, 배부분은 노란색이다. 수컷의 전체길이는 약 700㎜이며, 암컷은 약 880㎜이다. 꼬리의 길이는 수컷이 80㎜, 암컷이 90㎜정도로 대테로 수컷보다 암컷의 크기가 큰 편이다.
4. **생태:** 최소 16-18℃이상이 되는 따뜻한 물 속에서 서식하며, 임신기간은 약 6개월 정도로 앙려져 있다. 스스로 물 위로 올라올 수 있으며, 신경독을 가지고 있다. 보통 물고기를 먹고 사는데, 바다 속의 암반, 산호, 나뭇잎 밑에 숨어 지내다가 먹잇감이 나타나면 신경독을 이용하여 먹이를 잡아먹는다.
5. **서식지:** 바다 속의 암반, 돌 틈, 산호 주변

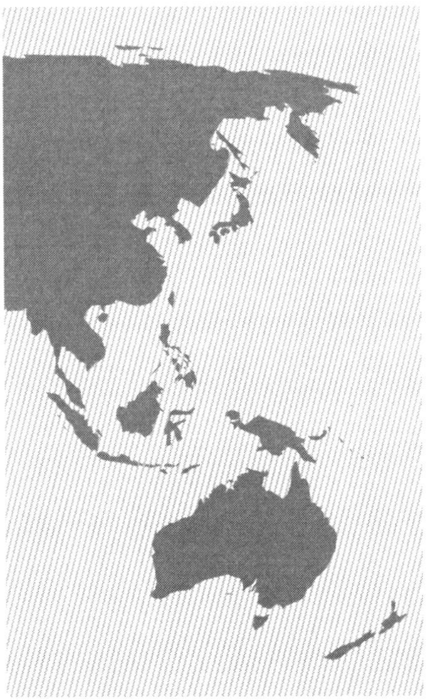

지도 44 바다뱀의 분포도

9장

한국산 파충류의 분류학적 고찰

9.1 관악장지뱀, 장지뱀, 올디장지뱀의 분류학적 재고찰

관악장지뱀은 1913년 5월 4일 서울의 관악산에서 채집된 개체를 근거로 신종 발표가 이루어졌으며 한반도에 서식하던 장지뱀속과 서혜인공의 수, 등비늘 열의 수, 턱판의 접촉 부위가 다른 것으로 발표되었다(Doi 1919). 하지만 장 등 (2006b)의 연구결과, 아무르장지뱀에서 서혜인공의 수는 25%의 변이율을 보였고, 관악장지뱀과 같이 4쌍을 가진 개체도 19%였다. 등비늘 열의 수는 5%의 변이율을 보였다. 특히 등비늘 열의 수는 중앙에 2줄의 축소된 비늘(reduced scale) 때문에 도롱뇽의 옆주름 (costal groove)과 같이 연구자에 따라 다르게 측정할 수 있다. 이 종에 대한 추가적인 연구에서 등비늘 열의 수를 7줄에서 6줄로 수정하였는데(Doi 1929), 이는 축소된 비늘에 대한 혼동 때문으로 추정된다. Doi (1929)에 의해 신종으로 발표된 장지뱀의 경우에도 등비늘이 6줄이라고 하였으나, 첨부된 등 부위 그림에는 1줄의 축소된 비늘이 있어 실제적으로는 7줄이었다(Walley 1958a). 따라서 등비늘의 수를 세는 과정에서 오류가 생겼다고 판단되므로, 관악장지뱀과 장지뱀의 등비늘 열의 수는 무어라 단정할 수 없다. 아무르장지뱀에서 턱판의 접촉 부위는 39%의 변이율을 보였으며, 관악장지뱀과 같이 턱판이 3번째 쌍에 붙은 아무르장지뱀도 33%였다. 또한 턱판이 3번째 쌍에 붙고 서혜인공이 4쌍인 아무르장지뱀이 11%였다. 관악장지뱀은 1913년 관악산에서 채집된이후, 관찰된 바 없으며 추가적인 연구도 거의 이루어지지 않았다. 게다가 서식지역이 아무르장지뱀의 서식지역에 포함되어 있고 (Walley 1958a), 아무르장지뱀의 변이 범위에 관악장지뱀의 특징들이 포함됨에 따라 관악장지뱀을 독립된 종으로 간주할 수 없어 관악장지뱀은 아무르장지뱀의 동종이명으로 판단된다.

장지뱀은 1929년 10월 29일 북한산에서 채집된 종으로 기존에 한반도에 서식하던 장지뱀속과 턱판 수와 등 비늘 수에서 차이가 있다 (Doi 1929). 이후 장지뱀은 Walley (1962)와 Arnold (1997)에 의해 아무르장지뱀의 동종이명으로 발표되었으나, 현재 국내 학자들은 이들과 상반된 견해를 보이고 있다 (백과 심 1999; 심 2001). 형태적 분석 결과, 아무르장지뱀에서 턱판 수는 20%의 변이율을 보였는데, 이 중 왼쪽은 3쌍이고, 오른쪽은 4쌍인 개체와 4쌍이지만 처음 2쌍이 융합되어 장지뱀과 같은 3쌍의 턱판 형태와 유사한 모습을 보이는 개체들이 11%였다. 또한 장지뱀을 묘사한 그림에서 아무르장지뱀과 같이 윗코판과 주둥이끝판은 접합되는 모습을 보였고(Doi 1929), 아무르장지뱀과 같이 배에 용골이 4줄이었다(Walley 1962). 장지뱀도 1929년 북한산에서 채집된 이후 다시 보고 된바 없으며, 추가적인 연구도 이루어지지 않았다. 또한 서식지역이 아무르장지뱀에 포함되어 있고, 장지뱀의 검색형질이 아무르장지뱀의 변이 범위에 포함됨에 따라 이 종을 독립된 종으로 취급할 수 없어 장지뱀도 아무르장지뱀의 동종이명으로 판단된다.

올디장지뱀은 1951년 대전에서 채집되었으며, 이들은 *T. tachydromoides*와 서혜인공 수 및 등비늘 열의 수는 같지만 배비늘의 용골과 체색에서 차이가 있다 (Walley 1958b). 이후 올디장지뱀은 *T. tachydromoides*에서도 배비늘에 강한 용골이 나타나기도 하고, 포르말린으로 인한 체색의 변화가 생길 수 있기 때문에 *T. tachydromoides*의 동종이명으로 언급되었다 (Arnold 1997). 한편 한반도에 서식하는 줄장지뱀에서 올디장지뱀과 같이 배에 강한 용골을 보이는 개체가 65%였고 전항문판 옆에 2개의 판을 가지는 특징은 86%가 나타났으며, 아무르장지뱀에서는 2가지 특징을 가진 개체가 나타나지 않았다.

그러나 줄장지뱀의 서혜인공 변이가 전혀 나타나지 않았으며, 올디장지뱀은 윗코판과 주둥이끝판이 붙어 있지만 줄장지뱀에서는 약 1%만이 이런 특징을 가지고 있었다. 이와 같이 올디장지뱀은 한반도에 서식하고 있는 2종의 형태적 특징과 확실히 구별되어 아무르장지뱀이나 줄장지뱀 2종 중 1종의 동종이명은 아닌 것으로 판단된다. 올디장지뱀은 한반도 기후 여건에서 채집이 불가능한 계절에 채집되었고, Walley가 직접 채집과 표본이 아니라 본 종을 발표하기 7년 전 William E. old. Jr에 의해 채집된 표본을 사용하였다(Walley 1958b). 또한 2개체의 올디장지뱀이 채집된 이후에 1개체도 한반도에서 발견되지 않았다. 국내에서 *T. tachydromoides*의 채집 기록은 전무하기 때문에 올디장지뱀이 국내에 서식하는 종을 오동정하여 잘못 기재된 것도 아닐 것으로 추정된다. 따라서 올디장지뱀의 분류학적 위치를 명확하게 정의하기에는 여러 문제점을 가지고 있기 때문에 올디장지뱀의 분류학적 문제점에 대한 추가적인 연구가 필요하다고 생각되나 현재 한반도에는 서식하지 않을 것으로 판단된다.

결론적으로 관악장지뱀과 장지뱀은 아무르장지뱀의 동종이명으로, 올디장지뱀은 현재 한반도에 서식하지 않는 종으로 판단된다. 따라서 한국산 장지뱀속에는 줄장지뱀과 아무르장지뱀, 두 종만이 포함되어야 할 것이다.

9.2 아무르장지뱀과 줄장지뱀의 검색형질

아무르장지뱀의 경우 등비늘 열은 6%의 변이율을 보였으며, 줄장지뱀의 경우 24%의 변이율을 보였다. 배비늘 열은 아무르장지뱀과 줄장지뱀 모두 8줄로 일정하였고, 배비늘 행은 아무르장지뱀과 줄장지뱀 모두 평균적으로 24-27줄이었다. 아무르장지뱀의 배비늘에 나타난 용골은 모두 양쪽 끝에 2줄씩에만 나타났으며, 줄장지뱀의 경우 65%가 8줄 전체에 강한 용골이 나타났으나 나머지 35%는 아무르장지뱀과 같은 모습이 나타났다. 줄장지뱀의 경우에서 변이율은 높았으나 종간 구별이 가능하다고 판단된다. 배측선은 아무르장지뱀의 경우 나타나지 않았지만 줄장지뱀의 경우는 77%가 배측선이 나타났다. 그러나 아무르장지뱀의 경우 배측면을 따라 나타난 흰색의 점들이 줄장지뱀의 배측선과 유사하게 나타났다. 줄장지뱀에서 약간의 변이가 나타났고 아무르장지뱀에서 유사한 모습이 관찰되었지만, 종간 구별이 가능하다고 판단된다.

아무르장지뱀의 윗코판과 주둥이끝판은 100% 붙어 있었으나 줄장지뱀의 경우 99%가 떨어져 있었다. 이 형질은 종내 변이도 거의 없어 확실하게 종간 구별이 가능하다고 판단된다. 아무르장지뱀의 턱판 수는 3개체가 좌측에 4개, 우측에 3개가 나타났고, 2개체가 양쪽에 5개씩 나타나 14%의 변이율을 보였으며, 줄장지뱀의 경우1개체가 3쌍, 4개체가 5쌍, 2개체가 좌측에 5개 및 우측에 4개, 3개체가 좌측에 4개 및 우측에 5개, 1개체가 좌측에 4개 및 우측에 3개, 1개체가 좌측에 3개 및 우측에 4개로 나타나 15%의 변이율이 나타났다. 턱판 수는 종내 변이만 나타났을 뿐 종간 차이는 나타나지 않았다.

아무르장지뱀에서 턱판이 갈라지는 부위는 39%의 변이율을 보였으며 줄장지뱀의 경우 47%의 변이율을 보였다. 턱판이 갈라지는 부위는 두 종간에 뚜렷한 차이를 보이지 않았다.

아무르장지뱀의 서혜인공의 수는 1개체가 2쌍, 7개체가 4쌍, 1개체가 좌측에 3개 및 우측에 2개로 나타나 6%의 변이율을 보였으며, 줄장지뱀의 경우 변이가 없었다. 아무르장지뱀의 서혜인공은 본 연구와 Walley(1958a, 1962)의 결과를 통해 알 수 있듯이 일정하게 3쌍으로 나타나지 않았으며, 서혜인공의 수가 4쌍인 개체의 빈도수가 높았다. 선임연구 중에서 서혜인공의 수를 3-4쌍, 혹은 4쌍으로 정의하였는데(Shannon 1956; Walley1958a; Takeda and Ota 1996) 이는 아무르장지뱀의 서혜인공이 3쌍이라고 단정하기에는 4쌍의 빈도가 너무 높기 때문이다. 따라서 아무르장지뱀의 서혜인공의수를 3쌍이라고 단정하기 보다는 3-4쌍이라고 표현해야 할 것으로 생각된다. 서혜인공의 수는 기존에 쓰고 있는 검색형질로 종간에 구별이 확실하게 되었다. 아무르장지뱀의 전항문판의 모양은 92%가 평평하였으며, 줄장지뱀의 경우 82%가 평평함에 따라 이 형질에선 종간 뚜렷한 차이를 보이지 않았다. 아무르장지뱀은 전항문판과 인접한 2개의 가운데 배비늘의 크기 차이가 50%의 변이율을 보였고, 줄장지뱀의 경우 3%의 변이가 나타났다. 줄장지뱀과는 다르게 아무르장지뱀의 경우 일정한 양상이 나타나지 않아 종간 뚜렷한 차이를 보이지 않았다. 전항문판의 양옆 비늘의 수는 아무르장지뱀의 경우 1개체가 5개, 8개체가 8개로 나타나 25%의 변이율이 보였으며, 줄장지뱀의 경우 2개체가 3개, 6개체가 5개, 4개체가 6개로 나타나 17%의 변이율을 보였다. 약간의 종내 변이율이 있기는 하나 종간 구별은 가능하다고 판단된다.

9.3 한국산 뱀류의 분류학적 고찰

뱀 속(*Genus Elaphe*)의 경우도 많은 논쟁이 있다. 백(1982)은 우리나라에서 흔히 발견되는 무자치(*E. rufodorsata*)의 주 서식지가 수변지역(논, 웅덩이, 습지, 하천변 등)이고 난태생을 하며 비늘 형태의 차이로 뱀 속(*Elaphe*)에서 물뱀 속(*Enhydris*)으로 속명을 변경하였으나, Szyndlar and O (1987)는 백(1982)이 무자치의 내부형태를 정확히 파악하지 못한 결과로 판단하고 이 종을 물뱀 속으로 변경한 것은 잘못이라고 주장하였다. 또한 유혈목이의 경우, 원(1971), 강과 윤(1975) 등에 의해 우리나라에 서식하는 유혈목이를 *Rhabdophis tigrinus lateralis*로 분류하였으나(이 종은 과거에 *Natrix* 속으로 분류하였음), Nakamura and Uéno (1976), 백(1982) 등은 북쪽에서 남쪽으로 갈수록 뱀의 길이와 비늘 수가 증가하는 구배현상이 있는 것을 확인하고, 이러한 이유를 들어 *Rhabdophis t. lateralis*를 *Rhabdophis t. tigrinus*와 같은 것으로 취급하였다.

비바리뱀의 경우 백(1984)에 의하여 처음으로 우리나라에서 서식하는 것을 확인하고, *S. collaris*로 동정하였으나, 김과 오(2005)는 Pope (1935), Smith (1943), Zhao(1987), Zhao and Yang (1997) 등의 자료를 통해 이 종이 *S. collaris*가 아닌 *S. chinensis*일 가능성이 높은 것으로 판단하였으며, Kim and Oh (2006)의 분류학적 고찰을 통하여 우리나라에 서식하는 *S. collaris*를 *S. chinensis*로 정정하였다.

마지막으로 우리나라에 서식하는 살모사 3종(살모사, 쇠살모사, 까치살모사)은 형태적 유사성 때문에 북미 지역에 분포하는 *Agkistrodon*과 같은 속으로 분류하였으나 Kraus et al. (1996), Orlov and Barabanov (1999)은 분류학적으로 많은 논쟁이 있는 살모사류에 대한 계통 연구를 통하여 *Agkistrodon* 속이 측계통군인 것으로 확인하고 동아시아 집단을 *Agkistrodon* 속에서 *Gloydius* 속으로 변경하였다(Hoge and Romano-Hoge 1981).

10장

한국산 파충류의 보전 및 복원

한국에는 서식하는 27종의 파충류 중 육상에 서식하는 종은 21종, 해양에 서식하는 종은 6종으로 알려져 있다. 하지만, 국내에서는 파충류 연구자가 매우 적은 편으로 한국산 파충류의 보전 및 복원 대한 연구는 거의 없는 것이 현실이다. 최근 들어 파충류에 관심을 갖는 연구자들이 조금씩 늘어나고 있으며, 많은 시민단체에서도 파충류에 대해 관심을 갖기 시작했다.

국내에서 파충류는 잘못된 보신문화, 밀렵, 서식지 파괴에 의해 많은 종들이 감소 추세에 있으며, 구렁이, 남생이, 표범장지뱀, 비바리뱀은 환경부에서 멸종위기종으로 지정하여 관리하고 있으며, 또한 많은 종이 야생동식물보호법에 의해 잡는 것과 먹는 것이 금지되어 있다. 이와 함께 일부 종은 국제법상 멸종위기종으로 분류되어 관리되고 있으며 CITES에 의해 해당 종 및 가공품의 수출 · 입시 당사국에 허가를 받아야 한다.

서두에서 말한 것처럼 국내 파충류 연구는 매우 미약하나, 최근 들어 일부 정부기관, 연구기관 등에서 조금씩 연구가 이루어지고 있으며 이를 소개하고자 한다.

10.1 국립공원 파충류 로드킬 조사

국립공원관리공단에서 19개 국립공원을 대상으로 2005년부터 야생동물 로드킬 조사를 실시하고 있다. 이 조사에서는 국립공원을 관통하는 총 41개 노선을 300m구간씩 나누어 주 1회 이상 현장답사를 통해 차량에 의해 로드킬 된 야생동물을 확인하여 위치를 파악을 한다. 그 결과를 이용해서 야생동물이 자주 출몰하는 지역을 파악하고 생태이동통로 설치를 위한 최적지를 파악한다. 이 중 2006년부터 2008년까지 파충류 로드킬 현황을 집계한 결과 아무르장지뱀, 무자치, 누룩뱀, 능구렁이, 대륙유혈목이, 실뱀, 유혈목이, 살모사, 쇠살모사, 까치살모사 등 총 10종이 차량에 의해 로드킬 된 것으로 파악되었으며, 개체수는 347개체로 확인되었다. 이러한 조사는 보통 주 1회 조사를 통해 확인된 것이기 때문에 실제 로드킬 된 개체수는 몇 배 이상 많을 것으로 추정된다.

표 10.1 파충류의 종별 로드킬 발생 현황

	2006년	2007년	2008년	종합
까치살모사	2	8	2	12
누룩뱀	14	30	20	64
능구렁이	7	22	23	52
대륙유혈목이	1	3	1	5
살모사	10	27	10	47
쇠살모사	18	30	18	66
실뱀	0	1	1	2
유혈목이	25	40	31	96
무자치	1	0	0	1
아무르장지뱀	1	1	0	2
	79	162	106	347

특히 종별 로드킬 빈도를 보면 유혈목이가 27.7%, 쇠살모사 19.0%, 누룩뱀 18.4%, 살모사 13.5%로 나타나, 유혈목이가 가장 많은 빈도로 로드킬 되었으며 살모사류 3종(36.0%)의 로드킬 피해도 심각한 것으로 확인되었다.

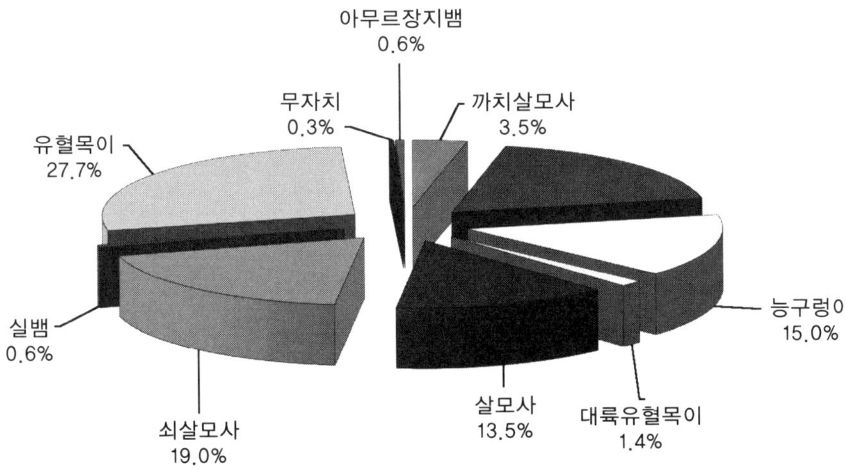

그림 10.1 파충류 로드킬 발생 종별 비율

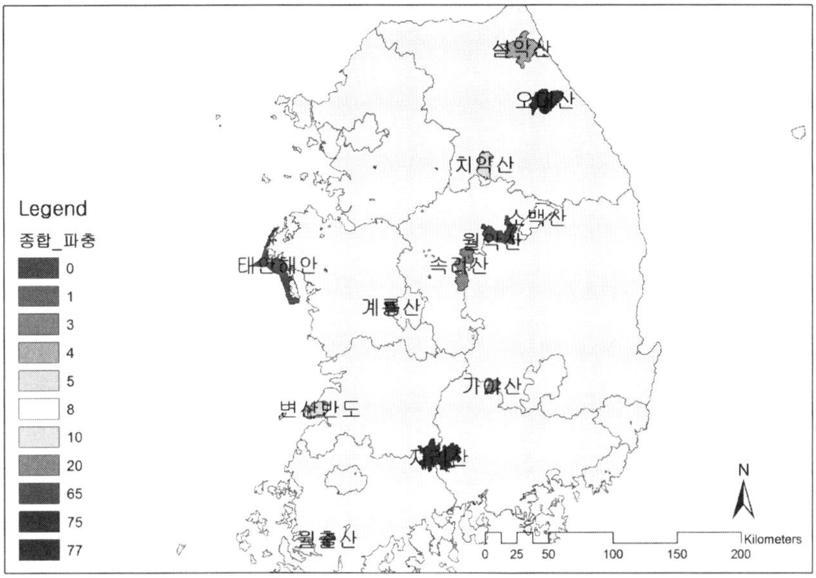

그림 10.2 국립공원별 파충류 로드킬 현황

국립공원별로 로드킬 현황을 보면, 지리산국립공원이 가장 많은 개체가 로드킬 되었으며, 다음으로 오대산국립공원으 로드킬 수가 많은 것을 알 수 있다. 이렇게 파충류를 포함한 야생동물 로드킬을 방지하기 위해 국립공원에서는 단계적으로 로드킬 다발생 구간에 대하여 생태이동통로를 설치하여 운영하고 있으며, 점진적으로 로드킬 반생 빈도를 낮추기 위해 노력하고 있다.

10.2 멸종위기 II 급, 표범장지뱀 모니터링 및 보호지역 선정

태안해안국립공원에 위치한 "장곡리"은 국내 표범장지뱀의 최대 서식지 중 하나로 알려져 있다. 특히 이 지역은 지역 주민의 어업행위가 이루어지고 있으며, 휴가철에 국립공원을 찾는 탐방객을 대상으로 숙박 및 식당 영업이 시행되는 곳이다. 다른 동물들도 마찬가지지만 야생동물의 보전계획을 수립시 생물종에 과학적인 연구 및 지역 주민의 적극적인 동참이 없으면 보호지역 선정에 많은 어려움이 있다.

그림 10.3 표범장지뱀의 서식지인 "장곡리"

그래서 이 지역을 대상으로 국립공원연구원에서는 2008년부터 표범장지뱀에 대한 밀도조사 및 먹이원 분석, 행동권 분석이 추진되고 있으며, 2009년부터 태안해안국립공원사무소에 의해 특별보호구로 지정 관리되어 통제되고 있다.

이 지역의 표범장지뱀은 약 500~1,000개체 이상 서식하는 것으로 추정되며, 이 지역에 서식하는 164개체를 대상으로 조사한 결과 평균 23.2±59.7m (N=27, Range : 0~317)정도 이동하는 것으로 파악되었으며, 최대 300m이상 움직이고 약 84㎡정도의 면적이 필요한 것으로 확인되었다. 표범장지뱀 먹이 분석에서 이들이 섭취한 먹이의 종 구성을 살펴보면, 모두 절지동물문에 속하는 분류군으로 3강(Class) 8목이 확인되었다. 이중 곤충강(Insecta)이 70.8%, 거미강이 25.0%, 갑각강이 4.2%로 나타났고, 목별로는 나비목 (Lepidoptera)이 전체 먹이원 중 30.6%를 차지하였으며, 다음으로 거미목(Araneae) 20.4%, 집게벌레목(Dermaptera) 18.4%, 단각목(Amphipoda) 10.2%, 딱정벌레목(Coleoptera) 8.2%, 매미목(Homoptera) 6.1%, 메뚜기목(Orthoptera) 4.1%, 풀잠자리목(Neuroptera) 2.0% 순으로 나타났다. 이러한 기초 연구를 지속적으로 추진하여 "장곡리" 구간 뿐만아니라 다른 지역에 서식하는 표범장지뱀을 대상으로 지속적인 보호지역 설정을 위해 노력하고 있다.

10.3 그 밖의 파충류 보존 및 복원 연구

국내에서는 1987년부터 환경부 · 국립환경과학원에서 전국자연환경조사를 통해 우리나라에 서식하는 파충류의 현황을 조사하고 있으며(국립공원 지역 제외), 현재까지 계속 진행되고 있다. 그 결과 파충류의 전국 본포 현황을 집계할 수 있었으며, 20여년 동안의 변화상을 파악할 수 있게 되었다. 조사 자체가 파충류 보존 및 복원과 바로 연결되지는 않지만, 이러한 기초조사는 파충류의 동태를 파악하는데 매우 중요하며 향후 복원계획 수립시 반드시 필요한 정보이다. 또한 국립공원관리공단에서는 자연공원법을 근거로 전 국립공원을 대상으로 10년 주기로 파충류 상으로 파악하고 있으며, 이러한 자료가 환경부에서 추진하는 전국자연환경조사와 통합되어 파충류의 전국현황을 파악하는 자료로 사용된다. 뿐만 아니라, 파충류에 대한 상시 모니터링 체계를 구축하여 매년 군집분석을 통해 파충류 변화상을 파악하고 있다. 추가로 외래 도입종은 붉은귀거북 등 외래종에 대한 제거작업을 지속 추진하고 있으며, 외래종 방사를 하지 않도록 적극적으로 홍보하고 있다.

한편, 환경부에서 멸종위기 종으로 선정한 파충류는 총 4종으로, 구렁이, 남생이, 표범장지뱀, 비바리뱀이 있다. 이들에 대한 보호와 증식 · 복원 연구를 추진하고 있으며, 환경부 · 강원대학교에서는 월악산국립공원, 치악산국립공원에 서식하는 멸종위기 Ⅰ급, 구렁이를 대상으로 생태연구 등을 추진하고 있으며, 2005년부터 서울동물원에서는 멸종위기 Ⅱ급인 남생이의 인공증식에 대한 연구를 통해 150여 개체 이상으로 개체수를 증가 시키는 성과를 거두었다.

이처럼 현재까지 국내에 서식하는 파충류에 대한 연구가 미약하지만, 국민들의 관심과 국가, 연구기관 등의 적극적인 참여로 우리 곁에서 사라져가는 파충류는 복원하기 시작했다.

참고문헌

강영선, 윤일병. 1975. 한국동식물도감 제17권 동물편, 양서 · 파충류. 문교부. 191pp.

국립수산진흥원. 1998. 자라양식. 수산기술지. 38:4.

김병수, 오홍식. 2005. 제주산 비바리뱀 (*Sibynophis collaris* Gray)의 분포와 서식지. 한국환경생태학회지. 19(4):342-347.

박대식. 2009. 남생이(*Chinemys reevesii*) 증식복원연구. 국립생물자원관. 128p.

백남극, 심재한. 1999. 뱀, 다리없는 동물 그 진화의 수수께끼. 지성사. 197pp.

백남극. 1982. 한국산 사류의 계통분류학적 연구. 성균관대학교 대학원 박사학위 청구논문.

백남극. 1984. 한국산 미기록 사류 1종에 관한 보고. 강릉대학교 논문집 7:527-529.

심재한. 2001. 꿈꾸는 푸른 생명 거북과 뱀. 다른세상. 280pp.

원홍구. 1971. 조선량서파충류지. 과학원출판사. 170pp.

이종남, 우용태, 강승구, 이인섭. 1999. 한국산 도마뱀붙이 *Gekko japonicus* 에 대하여. 경성대학교부설기초과학연구소.

장민호, 송재영, 오홍식, 정규회. 2006a. 한국산 장지뱀속 (유린목: 장지뱀과)의 분류학적 고찰. 한국환경생물학회. 24(2):95-101.

장민호, 송재영, 이종남, 오홍식. 2006b. 한국산 도마뱀류의 현황. 한국환경생태학회. 20(3):352-358.

千石正一, 1979 原色 兩生・爬蟲類. 家の光協會. 東京.

환경부, 국립환경과학원. 2006. 제3차 전국자연환경조사 지침. 국립환경과학원. 298p.

Arnold EN. 1997. Interrelationships and evolution of the East Asian grass lizards Takydromus (Squamata: Lacertidae). Zool. J. Linn. Soc. 119:267-296.

Chen SL, T Hikida, SH Han, JH Shim, HS Oh and H Ota. 2001. Taxonomic status of the Korean populations of the genus Scincella (Squamata: Scincidae). J. Herpetol. 35:122-129.

Doi H. 1919. *Takydromus kwangakuensis* sp. nov. from Korea. Chosen Iho. 1920:70-75.

Doi H. 1929. A new species of *Takydromus* from Corea. Chosen Nat. His. Soc. 9:17-19.

Hoge AR and SA Romano-Hoge. 1981. Poisonous snakes of the world. Part Ⅰ. Check list of the 피트살모사s: Viperoidea, Viperidae, Crotalinae. Mem. Inst. Butantan 42/43:179-310.

Ji DM, MY Liu, ZJ Liu, YF Zhou, KC Huang, SS Wen and BZ Zou. 1987.

Fauna Liaoningca. Amphibia, Reptilia. Liaoning Sci. Technol. Press. Shenyang.

Kim BS and HS Oh. 2006. A Taxonomic reinvestigation of the Collared Many toothed snake Sibynophis collaris Gray (Reptiles: Serpentes: Colubridae) from Jeju Island, Korea. Integrative Bioscience 10:121–123.

Kraus F, DG Mink and WM Brown. 1996. Crotaline intergeneric relationships based on mitochondrial DNA sequence data. Copeia. 1996:763–773.

Nakamura K and SI Uéno. 1976. Japanese Reptiles and Amphibians in Colour. Hoikusha, Kyoto.

Orlov NL and AV Barabanov. 1999. Analysis of nomenclature, classification, and distribution of the *Agkistrodon halys–Agkistrodon intermedius* complexes: a critical review. Russian Journal of Herpetology. 6(3):167–192.

Paik NK, HY Lee and EK Jung. 1990. Heteroplasmy in mitochondrial DNA of Chinese viper, *Agkistrodon blomhoffii brevicaudus*. Koran J. Genet. 12:331–336.

Paik NK, HY Lee, EK Jung and IS Kim. 1992. Genetic differentiation of mitochondrial DNA in the genera, *Enhydris* and *Elaphe*. Korean J. Genet. 14:89–98.

Pope C. 1935. The reptiles of China. Turtles, Crocodilians, Snakes, Lizards. Aner. Mus. Nat. Hist., New York.

Shannon FA. 1956. The reptiles and amphibians of Korea. Herpetologica. 12:22–49.

Slevin JR. 1925. Contributions to oriental herpetology Ⅱ. Korea or Chosen. Cal. Acad. Sci. 115(5):89–100.

Smith MA. 1943. Reptilia and Amphibia. Ⅲ–Serpentes. In the fauna of British India Ceylon and Burma, including the whole of the Indo–Chinese Sub–Region. London.

Stejneger L. 1907. Herpetology of Japan and adjacent territory. U.S. Nat. Mus. 58–577.

Strauch A. 1873. Die Schlangen des Russischen Reichs, in systematischer und zoogeographischer Beziehung. Men. Acad. Imp. Sci. 21(4):1–287.

Szyndlar Z and HD O. 1987. Reptiles of the Democratic People's republic of Korea. Part Ⅰ. Serpentes. Chinese Herpeol. Res. 22–59.

Walley HD. 1958a. The status of *Takydromus kwangakuensis*. Copeia. 1958:338–339.

Walley HD. 1958b. A new lacertid lizard from Korea. Herpetologica. 14:203–205.

Walley HD. 1962. The identity of Korea lizard, *Takydromus auroralis* Doi. Herpetologica. 18:215–216.

Zhao E and D Yang. 1997. Amphibians and reptiles of the Hengduan Mountains regions. The Comprehansive Scientific Expedition to the Qinghai–Xizang Platequ, Chinese Academy of Science.

Zhao E, K Zhao and K Zhou. 1999. Fauna Sinica Reptilia Vol. 2 Squamata Lacertilia. Editional Committe of Fauna Sinica, Academia Sinica. Science Press, Beijing. 394pp.

Zhao E. 1987. A Taxonomic study on Chinese species of the genus *Sibynophis*. Chinese. Herpetol. Res., 1–6.

Zhao EM and Adler K. 1993. Herpetology of China. Soc. Stud. Amphibi. Rept, Oxford.

Zhao EM. 1998. China red data book of endangered animals, amphibia and reptilia. Endangered species scientific commissiom, P.R.C., Science press.

찾아보기

영문

국문

ㅂ

ㅅ

ㅇ

ㅈ

ㅊ

ㅍ

ㅎ